服装设计配色基础教程

曹茂鹏 编著

Fashion Design Color Matching

化学工业出版社

·北京·

图书在版编目（CIP）数据

服装设计配色基础教程/曹茂鹏编著. —北京：化学工业出版社，2022.1
ISBN 978-7-122-39987-8

Ⅰ.①服… Ⅱ.①曹… Ⅲ.①服装设计-配色 Ⅳ.①TS941.11

中国版本图书馆CIP数据核字（2021）第200537号

责任编辑：陈　喆　王　烨　　　　装帧设计：王晓宇
责任校对：刘曦阳

出版发行：化学工业出版社（北京市东城区青年湖南街13号　邮政编码100011）
印　　装：北京瑞禾彩色印刷有限公司
787mm×1092mm　1/16　印张14　字数375千字
2022年2月北京第1版第1次印刷

购书咨询：010-64518888　　　　售后服务：010-64518899
网　　址：http://www.cip.com.cn
凡购买本书，如有缺损质量问题，本社销售中心负责调换。

定　　价：89.80元

前言

PREFACE

服装设计是运用各种服装知识、剪裁及缝纫技巧等，结合艺术性和实用性，设计出实用、美观及合乎穿者的衣服，使穿者充分显示本身的优点并隐藏其缺点，衬托出穿者的个性，设计者除对经济、文化、社会、穿者生理与心理及时尚有综合性的了解外，最重要的是要把握设计的原则。

本书按照服装设计的各大模块分为8章，分别为进入服装设计的世界、学习色彩的基础知识、服装设计与色彩搭配、服饰材料与色彩、服饰风格与色彩、服装配饰与色彩、服饰色彩的视觉印象、服装配色实战。

在每一章都安排了大量的案例和作品赏析，所有案例都配有设计分析，在读者学习理论的同时，可以欣赏到优秀的作品，因此不会感觉枯燥。本书在最后一章对4个大型案例进行了案例解析、配色方案设计、色彩延伸、佳作欣赏的讲解，给读者一个完整的设计思路。通过对本书的学习，可以帮助读者在服装设计、色彩搭配、理论依据这三方面都有非常大的提升，轻松应对工作。

编者在编著过程中以配色原理为出发点，将“理论知识结合实践操作”“经典设计结合思维延伸”贯穿其中，愿作读者学习和提升道路上的“引路石”。

《服装设计配色基础教程》是在《服装设计配色从入门到精通》的基础上编写的。此次升级主要对各章内容进行简化，突出重点；对书中质量不高的图片进行替换；对老旧的案例进行更新，尽量反映目前较为流行的设计方法和作品。

本书由曹茂鹏编著，瞿颖健为本书编写提供了帮助，在此表示感谢。

由于水平所限，书中难免有疏漏之处，希望广大专家、读者批评斧正！

编著者

目录

CONTENTS

193 8 服装配色实战

Fashion Design

Color Matching

1

进入服装设计的世界

1.1 服装是什么

说到“服装”我们自然都不会陌生，当我们还是婴儿的时候母亲为我们穿上的肚兜；少年时身上的校服；结婚时穿着的婚纱；夏季防晒的帽子；天气转凉时佩戴的围巾等，这一切装身的物品都可以称为服装。广义的服装是指附着在着装者身上的所有物品，包括发饰、首饰等。而狭义的服装则是指织物、皮革等软性材料制成的，能够穿戴于身的生活用品。

1.2 服装设计又是什么

想要将一件服装呈现在世人的面前需要经过很多道工序：分析设计需要，研究收集的资料，设计构思，绘制草图，设计调整，规格设计，坯布试衣，剪裁排料，缝制整烫，完成和评价。其中“设计”可以说是服装的灵魂，“材料”则是服装的皮肉，“制作”便是服装的骨骼。

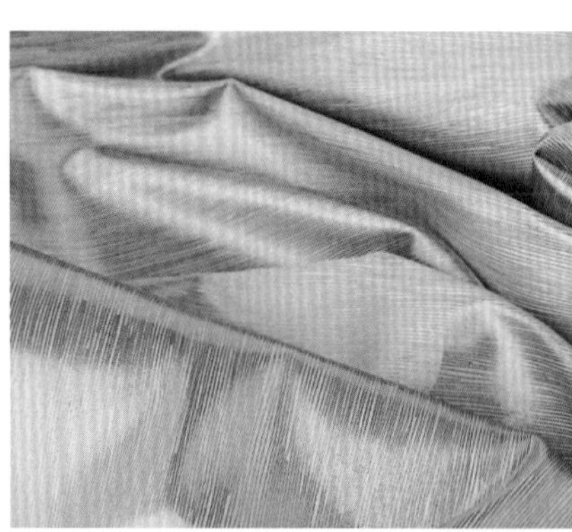

设计是指按照计划、要求、设想进行方案实施。服装设计就是运用相关的思维方式，结合美学、色彩学、工程学等进行设计构思，以服装的各种面料为素材，以人体为对象，塑造出美的作品，完成整体服装的创造过程。服装设计师是对服装线条、色彩、质感、光线、空间等进行艺术表达和结构造型的人。设计师不应仅局限于对衣服的外形、分割线等进行处理，还应该立足于中心进行整体规划，使服装达到最完美的效果。

服装设计通常包括以下几个流程。

服装造型设计：服装造型设计是指服装的廓型和细节样式。廓型就是整套服装外部造型的大致轮廓。服装廓型是服装造型设计的第一要素，在决定了服装廓型的同时，也需要注意细节设计部分，这些都决定着最终的服装整体效果。

服装色彩设计：服装色彩设计包括服装面料色彩、图案色彩及辅料色彩。色彩是服装的生命，适当的颜色应用和搭配能够起到决定性的作用。

结构设计：结构设计是以体型、规格、款式、面料性能和工艺要求为依据，通过测量绘制出平面结构图，然后将其裁成衣片。

工艺制作：最终需要将衣片进行缝制，根据服装的款式、工艺风格可以进行机器缝制或手工缝制。

1.3　服装的造型设计

服装造型设计是指服装的廓型和细节样式。廓型是服装造型的根本，而且服装廓型进入人们视觉的速度和强度仅次于服装的色彩。所以，一般来说，服装的色彩和廓型决定了服装整体给人的印象。外轮廓的结构设计包括字母形、几何形、物态形。

1.3.1　字母形外轮廓

A形廓型：该款式的上装肩部合体，腰部宽松，下摆宽大；下装则腰部收紧，下摆扩大。在视觉上得到类似字母“A”上窄下宽的效果。	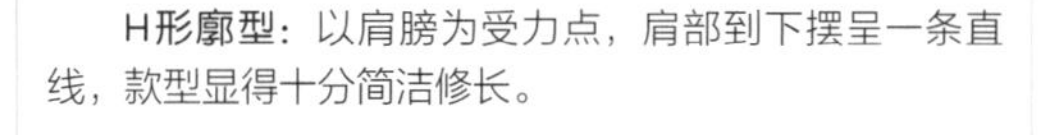 **H形廓型：**以肩膀为受力点，肩部到下摆呈一条直线，款型显得十分简洁修长。

V形廓型：该服装的款式主要为上宽下窄，较夸张的肩部设计，下摆处则收紧，极具洒脱、干练的效果。	**X形廓型**：款式上肩部比较夸张，腰部收紧，下摆扩大，所以也称为沙漏形。

S形廓型：此类廓型多为女性化的风格，通过结构上的变化设计，达到体现“S”形曲线美的效果。	**O形廓型**：该造型主要体现在腰部的设计，肩部合体，下摆收紧，腰部则较为宽大，使整体呈现出圆形的效果。

1.3.2 几何形外轮廓

几何形是以鲜明的几何形状进行服装造型设计的，具有简洁明了的特点。

方形：该造型的特点是合体、舒适、简洁，能够凸显修长的效果。	**正梯形**：适当的肩部设计，夸大下摆，从而得到带有斜度的效果。	**倒梯形**：较为夸张的肩部设计，适当收紧下摆，具有大方、庄重的风格特点。

1.3.3 物态形外轮廓

物态形是以大自然或生活中某一物体的形态来进行创造设计，具有一定的传播性、明显性和稳定性。

气球形：上身是较为宽松的设计，呈球形；下身则保持直线形的设计。	**瓶形**：合适的肩部设计，腰部和下摆收紧，而中间的部分则夸张突出。	**纺锤形**：肩部较为合身，到下摆处则逐渐收紧，形成类似纺锤的形状。

1.3.4 内部线条设计

服装的内部线条设计主要是指分割线、结构线、褶裥和省道等细节的设计。线条设计分布排列合理、协调，有助于服装风格的形成。

1.3.5 部件设计

服装的部件主要是指领部、袖子、口袋、下摆、门襟、服饰配件等。服装的部件在造型设计中极具变化性和表现力。服装的部件设计受整体造型的制约，但同时也带有自身的设计原则和特点。

1.4 服装的色彩设计

服装色彩在狭义上是指衣服和其他搭配的饰物、附属品的色彩，广义上则包括着装者的妆容颜色、发色和肤色。色彩设计需要与形体相协调，与服装主体风格相一致。根据色彩传递出来的情感合理地进行搭配，能够得到最终的理想效果。但在一定程度上，不同的服装面料会影响色彩的呈现效果。

服装中的颜色可以分为主色、辅助色和点缀色三种类型，它们相辅相成，关联密切。

主色：即服装中的主导色，是最适合表现设计风格和意图的色调。

辅助色：丰富整体色彩，突出主色表现，且面积小于主色。

点缀色：常常占据面积较小，却能够起到调节服装视觉效果、画龙点睛的作用。

1.4.1 主色

主色是在画面中占据面积最多的颜色。主色决定了整个作品画面的基调和色系，而画面中的辅助色和点缀色，都将围绕主色进行选择。当辅助色和点缀色与主色的效果相互协调时，画面整体看起来才会和谐完整。

1.4.2 辅助色

辅助色是为了衬托和辅助主色而存在，一般辅助色会占据画面色彩的1/3左右，辅助色通常比主色要浅一些，否则会产生喧宾夺主、头重脚轻的效果。

1.4.3 点缀色

点缀色主要是为了点缀画面中的主色和辅助色，一般只占据画面很少一部分面积。点缀色占据面积虽然较小，但是如果能够与主色和辅助色进行很好的搭配，常常能够使画面的某一部分突出或使整体更加完美，起到画龙点睛的作用。

1.5 服饰图案设计

图案是一种装饰与实用性相结合的艺术形式，服装上的图案主要起到装饰美化的作用。服饰图案设计包括工艺、结构、内容和风格四个方面。

工艺： 服装图案的工艺主要包括印花、绣花、手绘、喷绘、缝珠等。

结构：图案的结构主要分为独立图案、连续图案。独立图案在组织构成及艺术效果上都具有不同程度的独立性和完整性，能够体现出鲜明的个性。连续图案主要是运用一个或一组纹样反复连续而成，适合大面积的效果，能够得到整体和谐统一的效果。

内容：在图案的内容上可分为人物、风景、花卉、植物、动物、几何图案、抽象图案等类型。

风格：服装图案的风格包括古典、民族和现代等。古典风格图案强调传统造型、沉稳典雅的色调。民族风格图案和颜色则多充满神秘且强烈的地域文化特色。现代风格图案强调生活，能够传达时尚、简洁等相关意象，体现对比的造型和色彩。

1.6 服装的分类

1.6.1 服装的常见分类方法

市面上的服装类型纷繁复杂，无论是男装、女装，或是职业装、休闲装，还是成衣、定制，都是按照不同的分类方式进行区分，而常用的服装分类方法有以下几种。

（1）根据年龄分类。

（2）根据国际通用标准分类：高级定制女装、高级成衣、成衣。

（3）根据目的分类：比赛服装、发布服装、表演服装、销售服装、指定服装。

（4）根据用途分类：日常服、社交服、职业服、家居服、运动服、舞台服等。

（5）根据季节分类：春秋装、夏装、冬装。

（6）根据品质分类：高档服装、中档服装、低档服装。

（7）根据商业习惯来分：童装、少女装、淑女装、职业装、女装、男装、家居服、运动服、内衣。

1.6.2 常见的服装类型

社交服：这是在社交场合穿着的礼仪性服装，有礼服、出访服等。礼服又可分为日间礼服与夜间礼服。社交服设计需符合着装人的身份、体态和风度，服装装饰得体，工艺精致。

日常服：包括的范围较广，有上班服、休闲服、娱乐服、旅游服等。由于穿着环境不同，有略带正统、严肃意味的服装，也有轻松、时尚的服装。

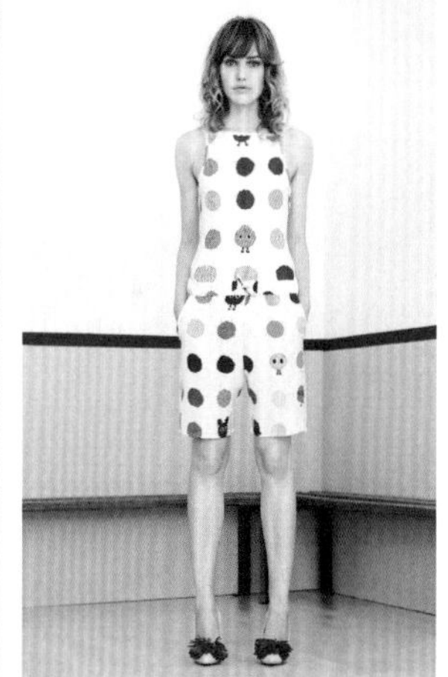

职业服：这是某个团体或工种的具有标志性的服装，包括工作服、制服、军服等。从服装的功用性出发，职业服面料与色彩的选择，以及装饰标志都代表了某一集团、工种，所以应能反映出不同的职业特色。

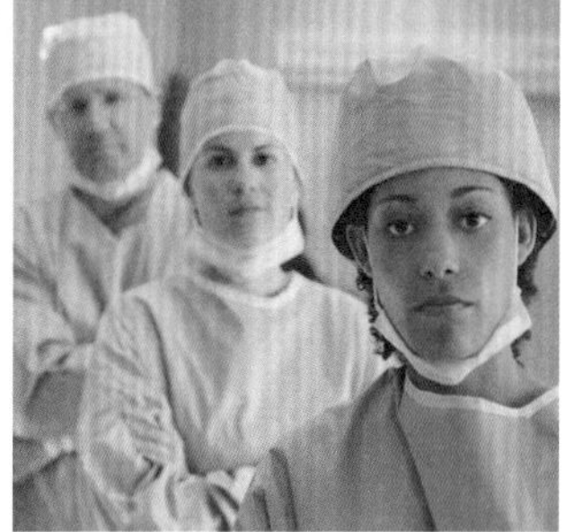

家居服：这是指在特定场所、时间穿着，并具有特定用途的服装。一般仅限于室内穿而不宜进入公众场合，如睡衣、浴衣、晨袍、吸烟衣等。

运动服：这是体育活动时所穿的服装，可分为运动竞赛服和活动服两类。运动竞赛服不仅要适合不同竞赛项目的运动方式，而且还要有代表参赛团体的标志。

舞台服：也称演出服，它是根据剧目的需要，或是强调演员个性与风格而设计的展示性服装，常以独特的装饰来达到令人惊叹的强烈效果。

Fashion Design

Color Matching

学习色彩的基础知识

2.1 重新认识“色彩”

提到色彩，大家自然都不会觉得陌生。我们每天睁开眼睛看到的就是五颜六色的世界，蓝色的天空、绿色的草地、黄色的落叶、红色的花朵。色彩给人们带来的是直观的视觉感受，然而，你知道色彩究竟是什么吗?

色彩其实是通过眼、大脑和我们的生活经验所产生的一种对光的视觉效应。为什么这样说呢？因为一个物体的光谱决定了这个物体的颜色，而人类对物体颜色的感觉不仅仅由光的物理性质所决定，也会受到周围颜色的影响。所以，色彩感觉不仅与物体本来的颜色特性有关，而且还与所处的时间、空间、外表状态以及该物体的周围环境有关，甚至还会受到个人的经历、记忆力、看法和视觉灵敏度等各种因素的影响。例如，随着光照和周围环境的变化，我们视觉所看到的色彩也会发生变化。

2.2 色彩的另一面

说到色彩的作用，很多人可能就会说：色彩嘛，就是用来装饰物体的。其实色彩的作用不仅如此呢。很多时候色彩的运用直接会影响到信息的判断、主题是否鲜明、思想能否正确传达，以及画面是否有感染力等。

2.2.1 视觉感染

色彩给人类带来的影响是非常大的，不仅会留下印象，还会影响人们的判断力。例如看到红色和黄色，则会联想到炽热的火焰。

看到红色的果实给人感觉它是成熟的、甜的，而看到绿色的苹果则会觉得它是生的、涩的。

2.2.2 衬托对比

在画面中使用互补色的对比效果，可以使前景物体与背景相互对比明显，将前景物体衬托得更加突出。例如，画面的环境与人像服装色调一致，导致服装并不突出；当背景变为蓝紫色时，肉粉色的服装会显得格外鲜明。

2.2.3 渲染气氛

提起黑色、深蓝、墨绿、苍白等颜色，你会想到什么，是午夜噩梦中的场景，还是恐怖电影的惯用画面，或是哥特风格的阴暗森林。想到这些颜色构成的画面会让人不寒而栗。的确，很多时候人们对于色彩的感知远远超过事物的具体形态，因此为了营造某种氛围就需要从色彩上下功夫。例如，在画面中大量使用青、蓝、绿等冷色时，能够表现出阴沉、寂静的氛围；使用橙、红等暖色时，更适合表现欢快、美好的氛围。

2.2.4 修饰装扮

在画面中添加适当的搭配颜色，可以起到修饰和装扮的作用，从而使单调的画面变得更加丰富。例如，服饰整体颜色为黑色时画面显得较为单一，而服饰整体为多种色彩时画面显得更加精彩。

2.3 强大的色彩力量

色彩是神奇的，它不仅具有独特的三大属性，还可以通过不同属性的组合给人们带来冷、暖、轻、重、缓、急等不同的心理感受。色彩的心理暗示往往可以在悄无声息的情况下对人们产生影响，在进行服装设计时将色彩的原理融合于整个作品中可以让服装美观而富有含义。色彩不仅可以让你感受到凉爽、甜蜜，还能感受到恐惧、信任，甚至是拂面的微风，不相信？下面就来了解一下色彩的魔力吧！

2.3.1 色彩的重量

其实颜色本身是没有重量的，但是有些颜色使人有重量感。例如，同等重量的黄色与蓝色物体相比，会感觉蓝色更重些；若再与同等的黑色物体相比，黑色则会看上去更重。

2.3.2　色彩的冷暖

色彩有冷暖之分。色相环中绿一边的色相称冷色，色环中红一边的色相称暖色。冷色使人联想到海洋、天空、夜晚等，传递出一种宁静、深远、理智的感觉。所以在炎热的夏天，在冷色环境中人们会感觉到舒适。而暖色使人联想到太阳和火焰等，给人们一种温暖、热情、活泼的感觉。

2.3.3　色彩的前进与后退

色彩具有前进和后退的效果，有的颜色看起来向上凸出，而有的颜色看起来向下凹陷，其中显得凸出的颜色称为前进色，而显得凹陷的颜色称为后退色。前进色包括红色、橙色等暖色；而后退色则主要包括蓝色和紫色等冷色。如右图所示，同样的图片黄色会给人更靠近的感觉。

2.4　色彩的类型

通常将色彩分为两大类：有彩色和无彩色。

2.4.1　有彩色

凡带有某一种标准色倾向的色，都称为有彩色。红、橙、黄、绿、蓝、紫为基本色，将基本色以不同量进行混合，以及基本色与黑、白、灰（无彩色）之间不同量混合，会产生成千上万种有彩色。

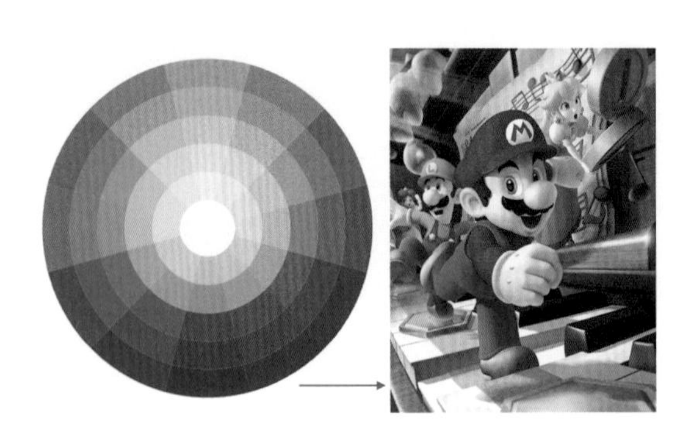

2.4.2 无彩色

无彩色是指除了彩色以外的其他颜色，常见的有金、银、黑、白、灰。明度从0变化到100，而彩度很小，接近于0。

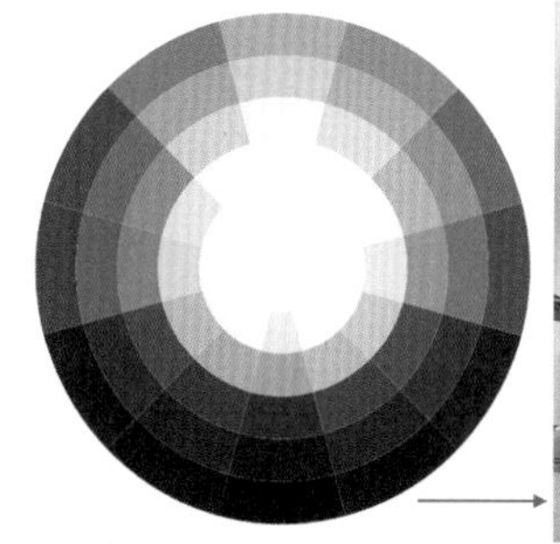

2.5 色彩的三大属性

就像人类有性别、年龄、人种等可判别个体的属性一样，色彩也具有其独特的三大属性：色相、明度、纯度。任何色彩都有色相、明度、纯度三个方面的性质，这三种属性是界定色彩感官识别的基础。灵活地应用三属性变化也是色彩设计的基础，通过色彩的色相、明度、纯度的共同作用才能更加合理地达到某些目的或效果作用。有彩色具有色相、明度和纯度三个属性，无彩色只拥有明度。

2.5.1 色相

色相就是色彩的“相貌”，色相与色彩的明暗无关，是区别色彩的名称或种类。色相是根据该颜色光波长短划分的，只要色彩的波长相同，色相就相同，波长不同才产生色相的差别。例如，明度不同的颜色但是波长处于780～610nm范围内，那么这些颜色的色相都是红色。

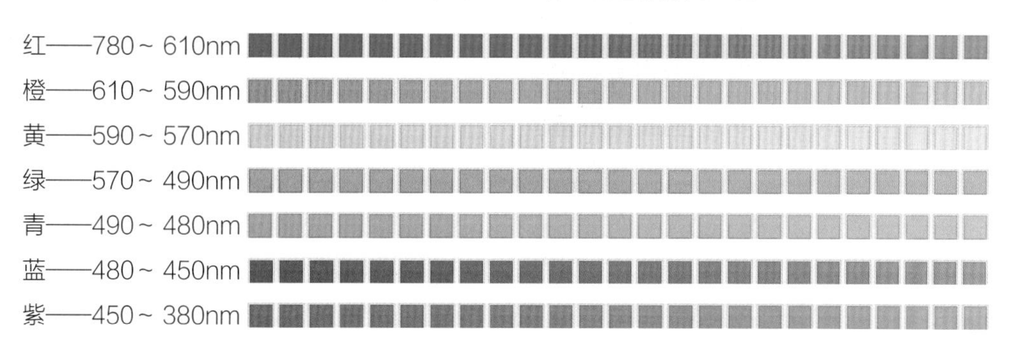

说到色相就不得不了解一下什么是“三原色”“二次色”以及“三次色”。

三原色是三种基本原色构成，原色是指不能通过其他颜色的混合调配而得出的“基本色”。二次色即“间色”，是由两种原色混合调配而得出的。三次色即是由原色和二次色混合而成的颜色。

三原色：红 蓝 黄

二次色：橙 绿 紫

三次色：红橙 黄橙 黄绿 蓝绿 蓝紫 红紫

“红、橙、黄、绿、蓝、紫”是人们日常生活中最常听到的基本色，在各色中间加插一两个中间色，连接其头尾色相，即可制出十二基本色相环。

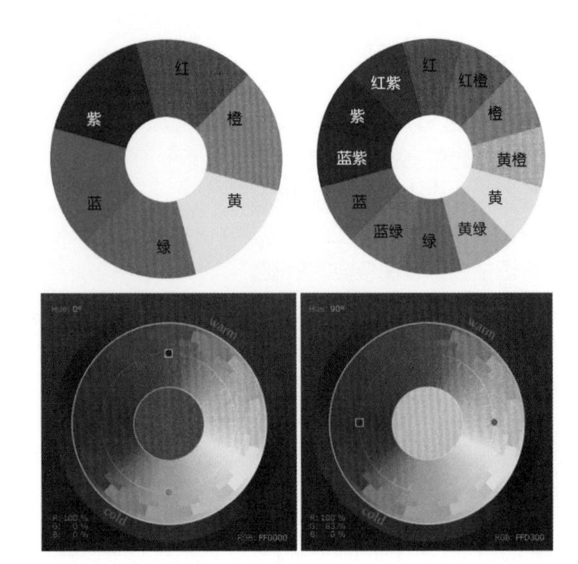

在色相环中，穿过中心点的对角线位置的两种颜色是互补色，即角度为180°的时候。因为这两种色彩的差异最大，所以当这两种颜色相互搭配并置时，两种色彩的特征会相互衬托得十分明显。补色搭配也是常见的配色方法，红色与绿色互为补色，紫色和黄色互为补色。

2.5.2 明度

明度是眼睛对光源和物体表面明暗程度的感觉，主要是由光线强弱决定的一种视觉经验。明度也可以简单地理解为颜色的亮度。明度越高，色彩越白越亮，反之则越暗。

高明度　　中明度　　低明度

色彩的明暗程度有两种情况，即同一颜色的明度变化和不同颜色的明度变化。不同的色彩也都存在明暗变化，其中黄色明度最高，紫色明度最低，红色、绿色、蓝色、橙色的明度相近，为中间明度。

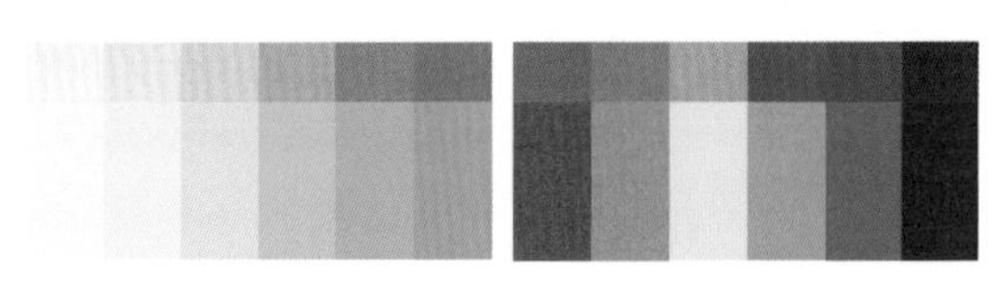

使用不同明度的色块可以帮助表达画面的感情。在不同色相中的不同明度效果，以及在同一色相中的明度深浅变化效果，如右图所示。

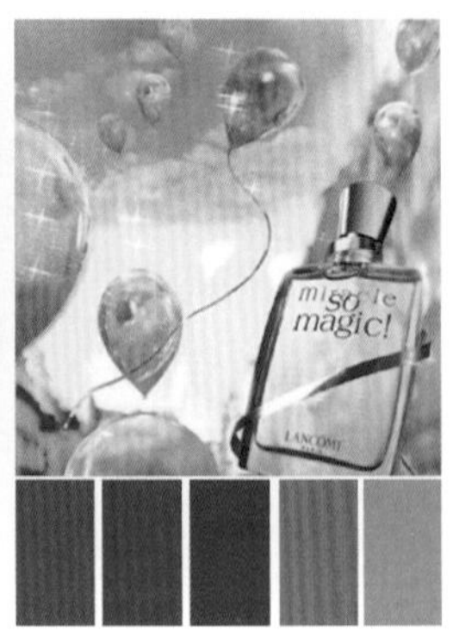

2.5.3 纯度

纯度是指色彩的鲜浊程度，也就是色彩的饱和度。物体的饱和度取决于该物体表面选择性的反射能力。在同一色相中添加白色、黑色或灰色都会降低它的纯度。有彩色与无彩色的加法如右图所示。

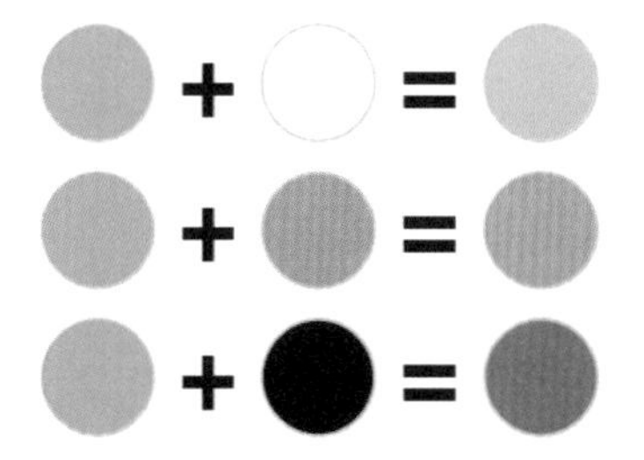

色彩的纯度也像明度一样有着丰富的层次，使得纯度的对比呈现出变化多样的效果。混入的黑、白、灰成分越多，则色彩的纯度越低。以红色为例，在加入白色、灰色和黑色后其纯度都会随着降低。

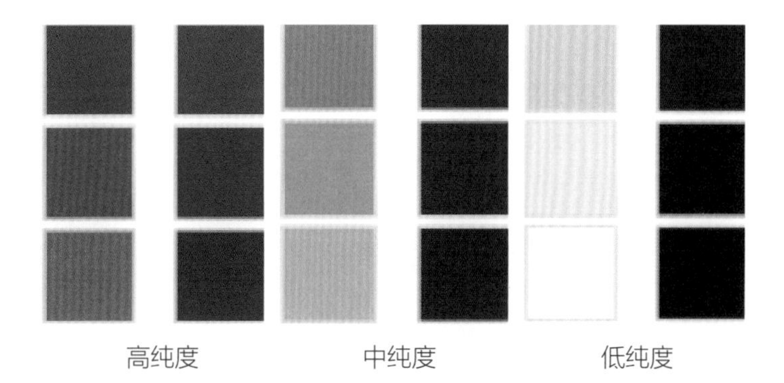

高纯度　　中纯度　　低纯度

在设计中可以通过控制色彩纯度的方式对画面进行调整。纯度越高，画面颜色效果越鲜艳、明亮，给人的视觉冲击力越强；反之，色彩的纯度越低，画面的灰暗程度就会增加，其所产生的效果就更加柔和、舒服。如右图所示，高纯度给人一种艳丽的感觉，而低纯度给人一种灰暗的感觉。

2.6 认识基础色

2.6.1 红

红色：红色是在所有色彩中最强烈和最有生气的色彩，拥有强烈的视觉效果，似乎能够凌驾于一切色彩之上。它象征着热情、兴奋、活力，给人热情奔放、如火如荼的感觉。这些特点主要表现在高纯度时的效果，当其明度增大变为粉红色时，则会变成柔和、温馨的女性色彩。

正面关键词：热情、活力、兴旺、女性、生命、喜庆。

负面关键词：邪恶、停止、警告、血腥、死亡、危险。

洋红	胭脂红	玫瑰红
0,100,46,19	0,100,70,16	0,88,57,10
朱红	猩红	鲜红
0,70,82,9	0,100,92,10	0,100,93,15
山茶红	浅玫瑰红	火鹤红
0,59,50,14	0,44,35,7	0,27,27,4
鲑红	壳黄红	浅粉红
0,36,44,5	0,20,27,3	0,9,12,1
勃艮第酒红	枢机红	威尼斯红
0,75,56,60	0,100,76,36	0,96,90,22
宝石红	灰玫红	优品紫红
0,96,59,22	0,41,35,24	0,32,15,12

应用实例：

红色和浅蓝色的搭配，不仅起到了对比作用，而且给人感觉热情中带有一丝冷静。

红色与黑色的搭配，具有强烈的视觉效果，同时较深的颜色搭配给人信任、稳重的感觉。

红色带有光泽的服装材质十分醒目，不仅体现出兴奋、活力的感觉，而且表现出强烈的个人魅力。

2.6.2 橙

橙色：橙色是暖色中的代表色彩，象征着成熟、温暖、时尚、年轻。橙色还常常令人联想到秋天的落叶、丰收的喜悦等。橙色较红色要柔和很多，但是明亮的橙色依然是极具刺激性的，而浅橙色则给人温柔、甜蜜、愉悦的感觉。

正面关键词：温暖、兴奋、欢乐、放松、舒适、收获。

负面关键词：陈旧、隐晦、反抗、偏激、境界、刺激。

橘	柿子橙	橙
0,64,86,8	0,54,74,7	0,54,100,7
阳橙	热带橙	蜜橙
0,41,100,5	0,37,77,5	0,22,55,2
杏黄	沙棕	米
0,26,53,10	0,9,14,7	0,10,26,11
灰土	驼色	椰褐
0,13,32,17	0,26,54,29	0,52,80,58
褐色	咖啡	橘红
0,48,84,56	0,29,67,59	0,73,96,0
肤色	赭石	酱橙色
0,22,56,2	0,36,75,14	0,42,100,18

应用实例：

温暖的橙色搭配冷调的蓝色，产生了冷暖对比的效果，使整体搭配对比十分突出。

橙色搭配明亮的黄色，给人温暖、欢乐、积极的感官效果，体现出夏日的活力。

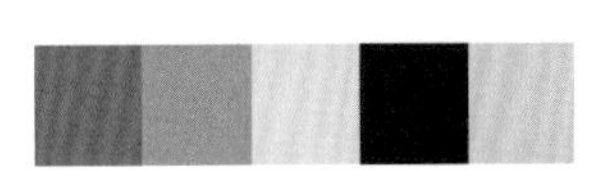

橙色与黑白颜色进行搭配，对比明显，使橙色更为突出，服装整体俏丽动人。

2.6.3 黄

黄色：黄色是在色彩中明度最高的颜色，常象征着积极、光芒、明亮、欢快。在服装搭配中，鲜艳的黄色绝对会令你脱颖而出。但当黄色变得暗沉的时候，则会给人厌烦和低沉的负面感觉。

正面关键词：透明、辉煌、权利、开朗、阳光、热闹。

负面关键词：廉价、庸俗、软弱、吵闹、色情、轻薄。

黄	铬黄	金
0,0,100,0	0,18,100,1	0,16,100,0
茉莉黄	奶黄	香槟黄
0,13,53,0	0,8,29,0	0,3,31,0
月光黄	万寿菊黄	鲜黄
0,4,61,0	0,31,100,3	0,5,100,0
含羞草黄	芥末黄	黄褐
0,11,72,7	0,8,55,16	0,27,100,23
卡其黄	柠檬黄	香蕉黄
0,23,78,31	6,0,100,0	0,12,100,0
金发黄	灰菊色	土著黄
0,9,63,14	0,3,29,11	36,33,89,0

应用实例：

大面积的黄色给人温暖、欢快的感觉，搭配浅粉色则体现出温柔、甜美的女性气质。

黄色搭配红色的点缀，使人感到热情、明快。适当地搭配黑色，强调了对比和调和作用。

以十分明亮的黄色搭配蓝色，使整体更加突出和富有活力。

2.6.4 绿

绿色：绿色是代表大自然的颜色，常常能够令人联想到生机勃勃、生命盎然、清新美好的景象。能够让人感到放松、平静，同时因为与一些未成熟的果实颜色相似，所以也会带给人青涩、冷漠的感觉。

正面关键词：和平、宁静、自然、环保、生命、成长、生机、希望、青春。

负面关键词：土气、庸俗、愚钝、沉闷。

黄绿	苹果绿	嫩绿
9,0,100,16	16,0,87,26	19,0,49,18
叶绿	草绿	苔藓绿
17,0,47,36	13,0,47,23	0,1,60,47
橄榄绿	常春藤绿	钴绿
0,1,60,47	51,0,34,51	44,0,37,26
碧绿	绿松石绿	青瓷绿
88,0,40,32	88,0,40,32	34,0,16,27
孔雀石绿	薄荷绿	铬绿
100,0,39,44	87,43,83,4	100,0,21,60
孔雀绿	抹茶绿	枯叶绿
100,0,7,50	2,0,42,27	6,0,32,27

应用实例：

不同明度绿色的搭配应用给人清新、明朗的视觉感受。

绿色与白色的搭配，体现出健康、积极的生活态度。

绿色与蓝色的搭配能够给人自然、广阔和自由的感觉，同时表现出奋发向上的精神。

2.6.5 青

青色：青色是一种介于绿色与蓝色之间的颜色，当无法界定一种颜色是蓝色还是绿色时，那么这个颜色可以称为青色。青色常给人清爽、利落、轻盈的感觉，但是当颜色较深的时候则会传递出阴冷、忧郁的感觉。

正面关键词：清脆、伶俐、欢快、劲爽、淡雅。

负面关键词：冰冷、沉闷、华而不实、不踏实。

蓝鼠	砖青色	铁青
37,20,0,41	43,26,0,31	50,39,0,59
鼠尾草	深青灰	天青色
49,32,0,32	100,35,0,53	43,17,0,7
群青	石青色	浅天色
100,60,0,40	100,35,0,27	24,4,0,12
青蓝色	天色	瓷青
77,26,0,31	32,11,0,14	22,0,0,12
青灰色	白青色	浅葱色
30,10,0,35	7,0,0,4	24,3,0,12
淡青色	水青色	藏青
12,0,0,0	61,13,0,12	100,70,0,67

应用实例：

服装中大面积的青色给人一种忧郁、沉静的感觉。

服装及配饰均采用青色，非常有整体感，体现清爽、通透之感。

不同明度青色的搭配，冰冷之中带有淡雅、清澈的感觉。

2.6.6 蓝

蓝色：蓝色是标准的冷色调，常使人联想到广阔的天空和浩瀚的海洋等。蓝色因为其偏冷的特点，多给人安静、沉着、冷静的感觉，而浅蓝色则会给人自由、浪漫、柔和的感觉。

正面关键词：纯净、美丽、冷静、理智、安详、广阔、沉稳、商务。

负面关键词：无情、寂寞、阴森、严格、古板、冷酷。

天蓝色	蓝色	蔚蓝色
100,50,0,0	100,100,0,0	100,26,0,35
普鲁士蓝	矢车菊蓝	深蓝
100,41,0,67	58,37,0,7	100,100,0,22
丹宁布色	道奇蓝	国际旗道蓝
89,49,0,26	88,44,0,0	100,72,0,35
午夜蓝	皇室蓝	浓蓝色
100,50,0,60	71,53,0,12	100,25,0,53
蓝黑色	玻璃蓝	岩石蓝
92,61,0,77	84,52,0,36	38,16,0,26
水晶蓝	冰蓝	爱丽丝蓝
22,7,0,7	11,4,0,2	8,2,0,0

应用实例：

甜美清新的蓝色搭配简单的白色，给人清新、可爱的感觉，是非常舒适、休闲的颜色搭配。

深蓝色和浅蓝色的搭配，具有对比和衬托的作用。怀旧的款式，给人回忆、安详、寂寞的感觉。

大面积的深蓝底色，搭配适当的浅蓝色图案，优雅而大方。

2.6.7 紫

紫色：紫色是红色和蓝色的混合，是极佳的刺激色，象征着高雅、孤傲、尊严。它精致迷人、神秘而梦幻，常给人安全感和有些梦幻的沉思感。紫色在偏红的时候高贵艳丽，在偏蓝的时候庄重、冷艳。

正面关键词：优雅、高贵、梦幻、庄重、昂贵、神圣。

负面关键词：冰冷、严厉、距离、诡秘。

紫藤	木槿紫	铁线莲紫
28,43,0,38	21,49,0,38	0,12,6,15
丁香紫	薰衣草紫	水晶紫
8,21,0,20	6,23,0,31	5,45,0,48
紫	矿紫	三色堇紫
0,58,0,43	0,11,3,23	0,100,29,45
锦葵紫	蓝紫	淡紫丁香
0,50,22,17	0,35,20,18	0,5,3,7
浅灰紫	江户紫	紫鹃紫
0,13,0,38	29,43,0,39	0,34,18,29
蝴蝶花紫	靛青色	蔷薇紫
0,100,30,46	42,100,0,49	0,29,13,16

应用实例：

明度差异较大的紫色搭配，给人视觉上的变化。宽松的服饰在展现独立自主的一面的同时又不失时尚魅力。

紫灰色的内搭上衣，有一种与众不同的魅力，搭配一条高腰紧身长裤，立刻拉长了整体的线条。

紫色系的长外套搭配同材质的短款连衣裙，任谁也不能不为这高贵又神秘的紫色痴迷。

2.6.8 黑、白、灰

黑、白、灰：黑白灰色调具有很百搭的特点，而且具有很高的审美效果。灰色在视觉上是最安稳的，而黑色和白色则是反差最强烈的。黑、白、灰通过明度与纯度的不断变化和混合，可以起到相互对比、相互衬托的作用，能够产生意想不到的视觉效果。

黑

正面关键词：力量、品质、大气、豪华、庄严、正式。

负面关键词：恐怖、阴暗、沉闷、犯罪、暴力。

白

正面关键词：整洁、圣洁、知性、单纯、清淡。

负面关键词：贫乏、空洞、葬礼、哀伤、冷淡、虚无。

灰

正面关键词：高雅、艺术、低调、传统、中性。

负面关键词：压抑、烦躁、肮脏、不堪、无情。

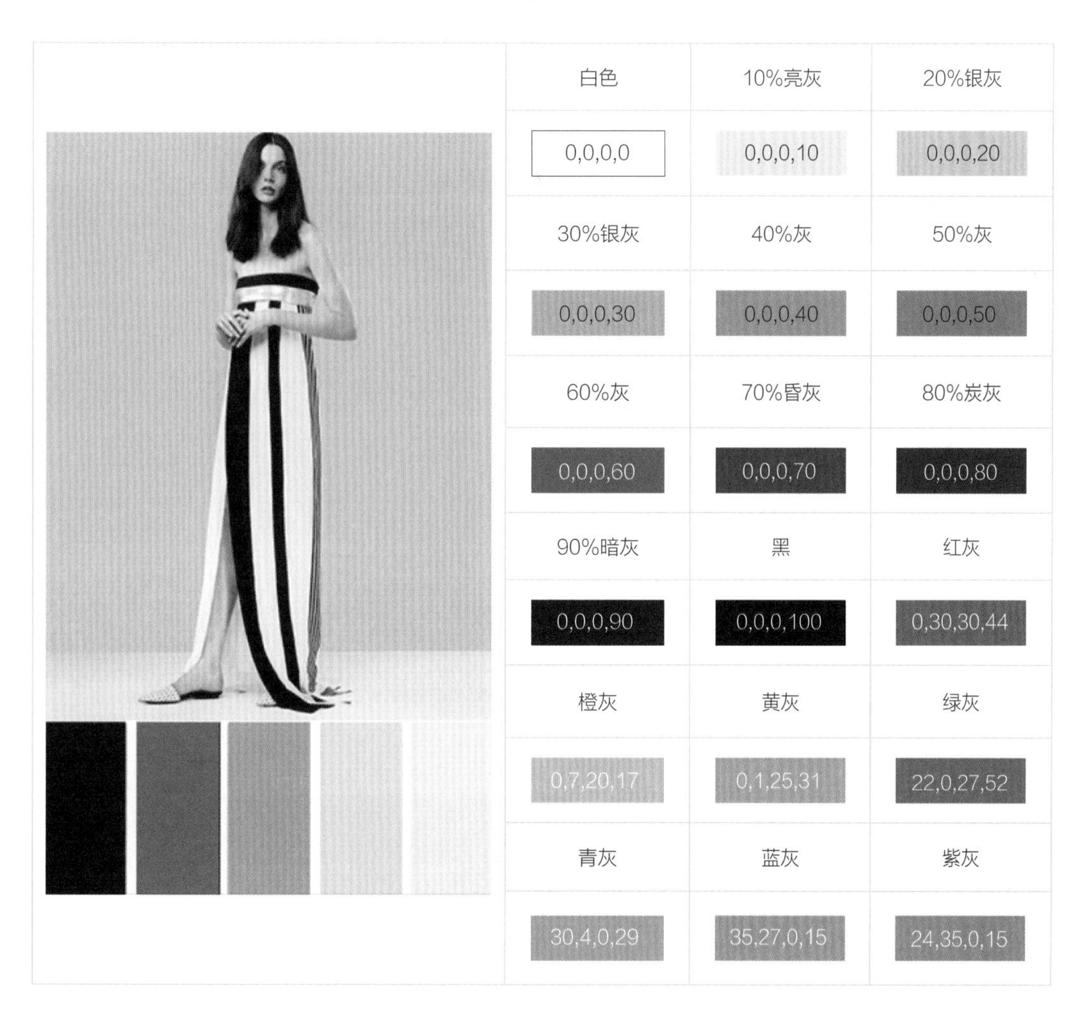

白色	10%亮灰	20%银灰
0,0,0,0	0,0,0,10	0,0,0,20
30%银灰	40%灰	50%灰
0,0,0,30	0,0,0,40	0,0,0,50
60%灰	70%昏灰	80%炭灰
0,0,0,60	0,0,0,70	0,0,0,80
90%暗灰	黑	红灰
0,0,0,90	0,0,0,100	0,30,30,44
橙灰	黄灰	绿灰
0,7,20,17	0,1,25,31	22,0,27,52
青灰	蓝灰	紫灰
30,4,0,29	35,27,0,15	24,35,0,15

应用实例：

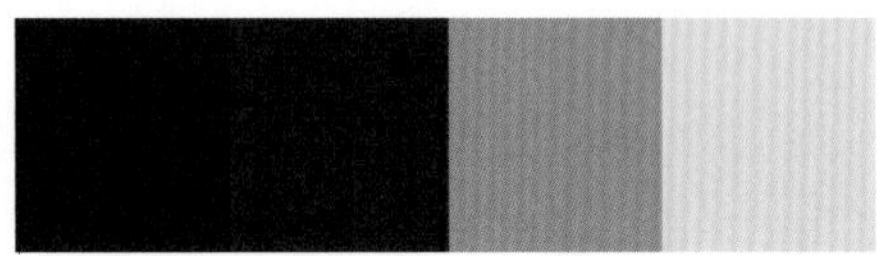

经典的黑白元素永远都不会过时，宽松的廓型搭配黑白对比色，给人一种干练、智慧的感觉。

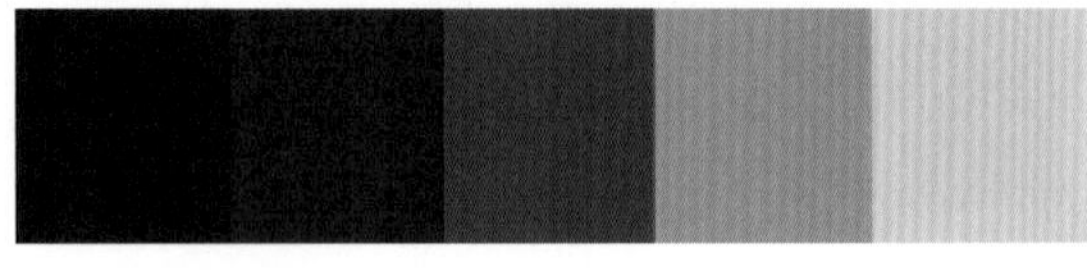

一款高腰灰色系裙装能够拉长线条，搭配多层次拼接款上衣，时尚而典雅。

大量不同明度的灰色线条表现出不断的变化感和空间感，十分个性。

Fashion Design

Color Matching

3

服装设计与色彩搭配

3.1 服饰色彩搭配原则

人们在理解颜色的时候一般以色相做区分，如果画面颜色太多会给人一种凌乱、没有主体的感觉。虽然色彩斑斓的颜色更容易吸引人的注意力，但是真正能给人留下深刻印象的画面则是那些颜色搭配合理、色彩构成简单的作品。下面将要介绍一些新手搭配不易出错的原则，当然法无定法，当你对服装色彩搭配游刃有余时，适当突破原则反而可能会带来惊喜哟！

服饰也是如此，我们需要明确服装的搭配不仅仅是款式的搭配，更重要的是颜色搭配。“从头到脚颜色不宜超过三种”这是服装设计师经常挂在嘴边的话。这句话的含义显而易见，就是说，在衣服颜色搭配中，整体颜色不宜超过三种。因为颜色太多会给人都是重点的感觉，众所周知，重点太多就等于没有重点。颜色太多有时还会给人一种过于凌乱、不和谐、不舒服的感觉。

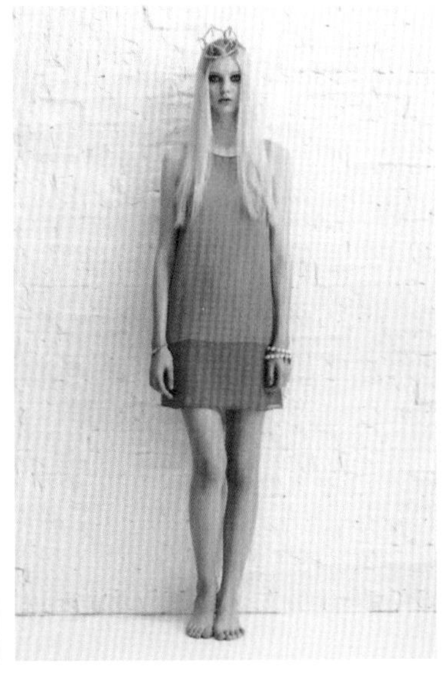

在主色与辅助色的比例设置上需要避免辅助色喧宾夺主。服装颜色的主色和辅助色的整体比例以3：2或者5：3为最佳，如果辅助色所占比例与主色接近则容易显得层次不明显。

大面积的冷色系和暖色系直接搭配，很容易造成突兀的视觉效果。新手在进行服饰颜色的搭配时要尽量避免，而将冷暖色系与中间色系进行搭配则比较协调。

3.2 服饰的色调

色调不是指颜色的性质，而是对画面整体颜色的概括评价，是色彩配置所形成的一种画面色彩的总体倾向。例如，采用了大面积的蓝色画面会给人一种清凉的感觉，通常我们会称为冷色调；而画面整体具有红色倾向的图像我们则会称为红色调。

这种在不同颜色的物体上，笼罩着某一种色彩，使不同颜色的物体都带有同一色彩倾向，这样的色彩现象就是色调。在色彩的三要素中，某种因素起主导作用，我们就称为某种色调。通常情况下可以从纯度、明度、冷暖、色相四个方面来定义一幅作品的色调。

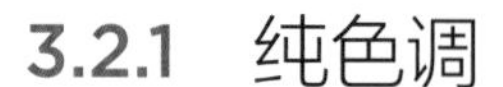

3.2.1 纯色调

纯色调是利用纯色进行色彩搭配的色调。

3.2.2 明度色调

在纯色中加入白色的色调效果称为“亮色调”；在纯色中加入灰色所形成的色调称为“中间色调”；在纯色中添加黑色所形成的色调称为“暗色调”。

3.2.3 冷暖色调

冷色与暖色是依据视觉心理对色彩的感知性分类。波长较长的红光和橙、黄色光，本身有温暖的感觉。相反，波长较短的紫色光、蓝色光、绿色光则给人一种寒冷的感觉。 暖色调往往让人感觉亲近，它有前进感和扩张感，而冷色调则有收缩感和后退感，让人感觉冷静和疏远。

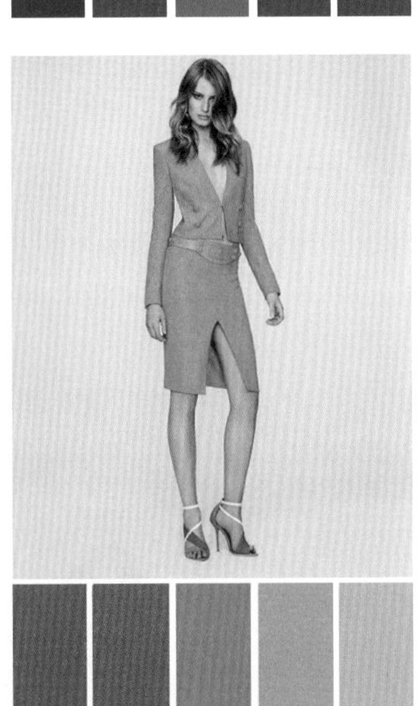

3.2.4 色相色调

色相色调是根据事物的固有色定义的色调，例如绿色系、橙色系等。

3.3 服饰色彩的对比

3.3.1 明度对比

明度对比是指色彩不同明暗效果的对比。当将亮色与暗色放在一起的时候，明亮的颜色会显得更加明亮，暗的颜色会显得更暗。

案例解析：黑与白的明度反差是最大、最鲜明的。在服装搭配中，黑与白搭配到一起通常给人一种干练、率性的感觉。这是非常经典的搭配方式，无论在职场、日常或是宴会都很常见。

案例拓展：

相同的灰色，在白色背景中，画面的整体明度最高。

在不同明度的背景下，同样的粉色在明度较低的背景中显得更加醒目。

3.3.2 色相对比

色相对比就是两种或多种颜色并置在一起时，相互比较中出现的色相上的不同差异，形成的一种对比效果。色相对比中通常包括邻近色对比、类似色对比、对比色对比、互补色对比。

案例解析：红色与青绿色都是非常张扬的颜色，一冷一暖搭配在一起十分抢眼。色相对比的搭配风格所产生的效果十分鲜明，象征着时尚、年轻、个性和潮流。

案例拓展：

高明度的类似色对比效果，同样的黄色图案，在橙色的背景中对比更强。

同样的紫色图案，在互补的橙色对比下，会显得更鲜明。

3.3.3 纯度对比

纯度对比是因为颜色不同纯度产生的差异对比效果。例如，纯的红色和含白的红色在一起，就会产生纯度上的对比效果。纯度的对比可以体现在单一色相中，也可以体现在不同色相中。纯度的对比会使鲜艳的更鲜艳、浊的更浊。

案例解析：在这件设计作品中，绿色的西装颜色饱和度高，非常抢眼。灰色的西装裤子属于低纯度的颜色，二者搭配在一起有张有弛，层次丰富。

案例拓展：

相同的黄色图案在不同纯度的蓝色背景中，产生的视觉效果也不尽相同。

不同纯度的颜色，传递给人的视觉感受也不同。

3.3.4 面积对比

面积对比是指在同一画面中因颜色所占面积大小产生的色相、明度、纯度等对比效果。当色彩强弱不同的色彩并置在一起的时候，若想得到看起来较为均衡的画面效果，可以通过调整色彩的面积大小来达到目的。

案例解析：在这套服装中，白色的面积较大，结合西装的款式给人一种干练、清爽的感觉。横条纹的T恤让原本严肃、拘束的西装多了分青春、俏皮，职场、日常两不误。

案例拓展：

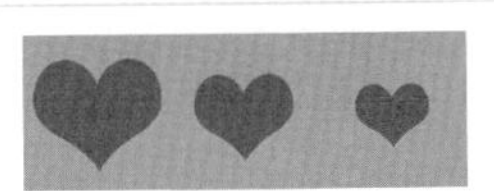

相同的红色图案在画面中所占面积不同，导致画面颜色纯度也不同。

橙色在蓝色背景中所占面积不同，画面的冷暖对比也不同。

3.3.5 补色对比

补色对比是指在色谱中的原色与其对应的间色的对比效果，即为补色关系，如红与绿、橙与蓝、黄与紫就是互为补色的关系。适当地运用补色，能够增强画面对比，令画面更加醒目。

案例解析：互补色搭配也就是我们常说的“撞色”。红色与绿色为互补关系，在这件设计作品中红色的裤子与绿色的外套搭配在一起给人一种鲜明、独树一帜的质感。

案例拓展：

相同的红色图案在绿色背景中显得对比更加明显和突出。

颜色纯度越高，补色的对比效果越明显。

3.3.6 冷暖对比

冷色和暖色是一种色彩感觉，而冷色和暖色并置在一起的时候，形成的差异效果即为冷暖对比。画面中冷色和暖色的画面占据比例，决定了整体画面的色彩倾向，也就是暖色调或冷色调。不同的色调能表达出不同的意境和情绪。

案例解析：青色调的长裙色彩的饱和度极高，给人活力、旺盛的视觉感受，让人不由得想起美丽的夏威夷。黄色的头巾则为点睛之笔，让整体的搭配效果更加张扬、自信,活力四射。

案例拓展：

不同纯度的冷色在相同暖色背景中的对比效果。

低纯度冷色在不同暖色背景中的对比效果。

Fashion Design

Color Matching

4 服饰材料与色彩

4.1 认识服装的材质

材料是构成服装最基本的要素，服装材料是指构成服装的一切材料，它可分为服装面料和服装辅料。

4.1.1 服装面料

服装面料就是制作服装的材料，是服装的载体，是服装设计的第二要素。服装面料的选择决定着服装的色彩和造型表现效果。从服装面料造型的性能上可以将面料分为柔软型、挺爽型、光泽型、厚重型和透明型。

柔软型面料多轻薄，悬垂感较好，其造型轮廓顺滑，线条自然舒展。	挺爽型面料具有一定体量感，而且线条清晰。该面料可用于如西服、套装等突出造型的设计中。	光泽型面料的表面十分光滑，并具有反射能力，能够产生华贵闪耀的效果。光泽型面料多在礼服的造型中使用。

厚重型面料较为厚重、挺拔，具有扩张感，能制作出较端正的造型效果，多用于外套的制作。	透明型面料的质感轻薄，有透明的效果，如纱绢、蕾丝等，带有透明度的效果，富有变化感。

4.1.2 服装辅料

服装辅料是与服装面料相互依存的搭配材料，如拉链、纽扣、织带、垫肩、花边、衬布、里布、衣架、吊牌、饰品、嵌条、划粉、钩扣、皮毛、商标、线绳、填充物、塑料配件、金属配件、包装盒袋、印标条码及其他相关物品等。服装辅料可以分为功能辅料、衬垫辅料、造型辅料和装饰辅料。

功能辅料：里料和用于服装的辅料。多指里料部分，是覆盖在服装里面的材料。主要起到保护面料的作用。

衬垫辅料：主要附着在服装面料里面，起到加固、支撑和造型的作用。常用的有领衬、胸衬、下摆、垫肩等。

造型辅料：根据服装款式的造型需要适当使用扣紧材料、金属丝、塑料丝和尼龙衬等来支撑服装的造型效果。

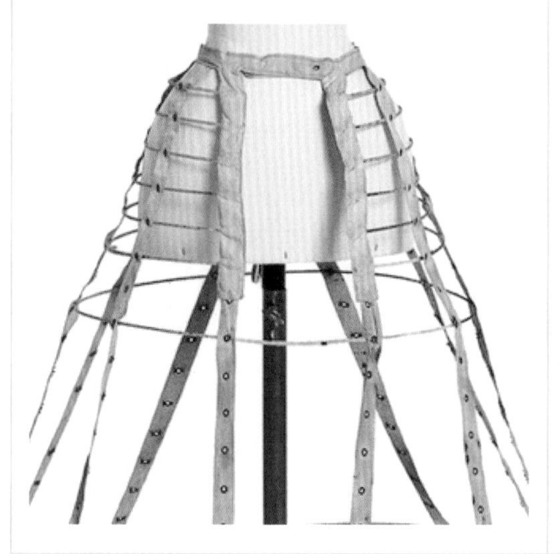

装饰辅料：主要是依附在服装面料上的点缀装饰，如花边、珠片等。能够起到较强的服装造型和装饰作用。

4.2 薄纱类

飘逸 \ 活跃 \ 婉约 \ 轻盈

薄纱的质地很轻薄，有很强的舒适感，有良好的吸湿性和透气性，给人以清爽的感觉。薄纱面料一类是具有柔软、半透明、光泽度较柔和的特征的。另一类则是硬纱，其质地轻盈，但却有一定的硬挺度。薄纱面料常被用来打造柔美飘逸的波西米亚风格和浪漫十足的气质，而较硬的透明薄纱则多被用来层叠搭配其他面料。叠层薄纱或薄纱拼接款式能够打造出若隐若现的视觉效果。

4.2.1 飘逸

色彩说明 服饰整体使用纯洁的白色，传递出舒适、干净、整洁的感觉。

设计理念 在白色的长款服饰上添加薄纱的设计，不仅增加了视觉上的装饰性，而且给人飘逸、清爽的感觉。

CMYK=0,0,0,6

CMYK=9,5,0,22

CMYK=7,2,0,34

❶ 大面积的白色使人感到清爽、朴素。

❷ 薄纱的飘动设计传递出自由、洒脱的感觉。

❸ 不同厚度的材质应用使整体更具层次感。

色彩延伸

4.2.2 活跃

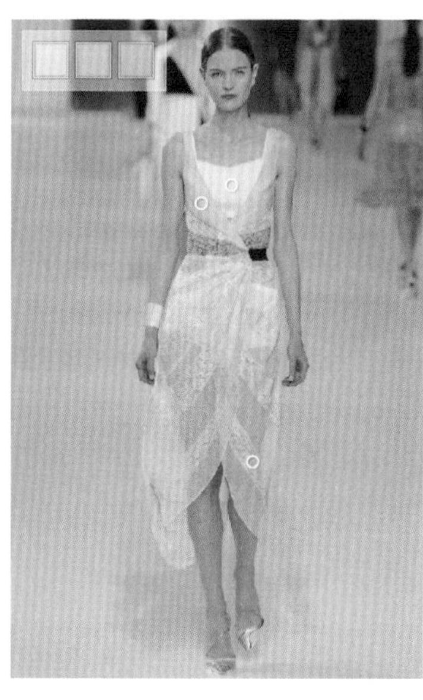

色彩说明 浅蓝、白色常常给人清爽与纯洁的印象，搭配明亮的黄色，可传递出青春、活跃的感觉。

设计理念 运用曲线结构的独特剪裁，展现出女性的体态美。点缀的条纹设计如同星星般耀眼动人，在半透明的薄纱衬托下显得独特而精致。

CMYK=0,3,3,7

CMYK=0,10,100,2

CMYK=3,2,0,22

❶ 带有星光感觉的条纹图案增加了服饰的时尚感。

❷ 曲线结构的运用使整体显得更加柔和、典雅。

❸ 明亮的黄色部分使服饰的整体颜色更加突出。

色彩延伸

4.2.3 婉约

色彩说明 整体以蓝色为主色调，在不同明度和纯度的渐变过渡中，给人婉约、飘逸的印象。特别是少量浅色的运用，很好地提高了整体服饰的亮度。

设计理念 抹胸式的长款礼服，尽显女性的优雅与端庄，十分引人注目。

CMYK=63,16,4,0
CMYK=49,23,12,0
CMYK=97,79,42,6

❶蓝色的运用给人通透、端庄的视觉印象。
❷渐变色的过渡打破了纯色的单调与枯燥。
❸上身部位花朵元素的装饰，增强了整体的层次立体感。

色彩延伸

4.2.4 轻盈

色彩说明 大面积的浅色应用给人轻盈、简洁的视觉感受。

设计理念 整洁大方的外套搭配动感的裙摆，具有简约的时尚感。大量的花边效果强调了其甜美、优雅的气质。

CMYK=4,4,0,3
CMYK=0,12,12,8
CMYK=8,7,0,15

❶重叠的花边效果极具柔美感和清新感。
❷白色系的应用给人整洁大方的感觉。
❸动感的裙摆设计更添装饰性和时尚性。

色彩延伸

4.2.5 常见色彩搭配

单薄		洁净	
温婉		动人	
清风		活力	
悠扬		素雅	

4.2.6 优秀设计鉴赏

4.2.7 动手练习——增加纯度提升整体热情感

服装中采用了朴素印花颜色，整体画面缺乏活力。让我们来尝试将服装花纹的颜色增加纯度吧，使整体看起来更加鲜明，同时给人青春、热情的感觉。

4.2.8 配色妙招——巧用对比颜色

为服装搭配使用对比色，不仅能加强服装色彩上的对比，产生距离感，而且能够表现出特殊的视觉对比与平衡效果，使人印象深刻。

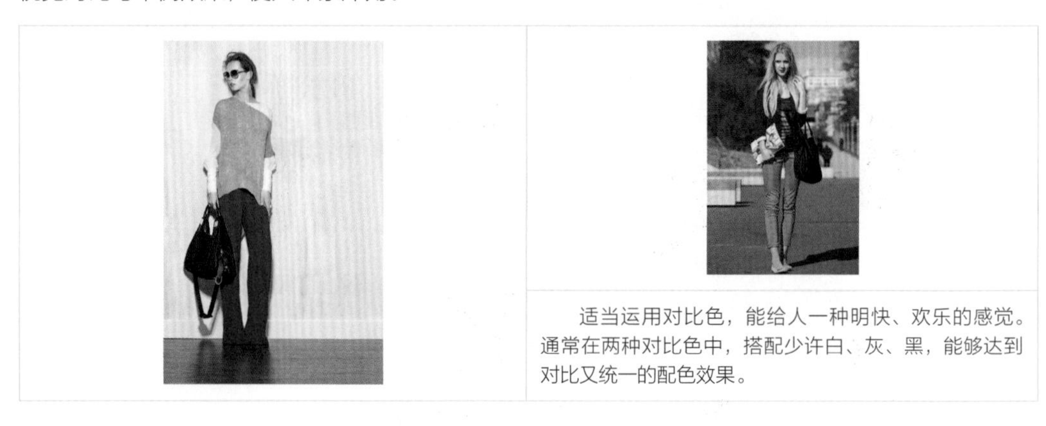

适当运用对比色，能给人一种明快、欢乐的感觉。通常在两种对比色中，搭配少许白、灰、黑，能够达到对比又统一的配色效果。

4.2.9 配色实战——高纯度色彩搭配

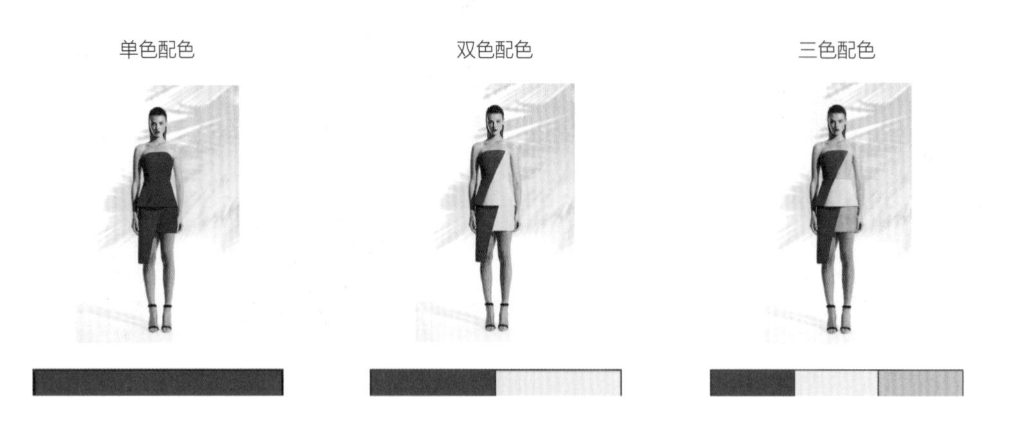

4.3 蕾丝类

浪漫 \ 性感 \ 成熟 \ 优雅

蕾丝面料分为有弹蕾丝和无弹蕾丝面料，可以根据不同的服装风格应用相应的面料。蕾丝面料因其质地轻薄而通透，传递出优雅、神秘的感观效果。蕾丝能够制作出精致的图案，适用于各种礼服、内衣类服装。

4.3.1 浪漫

色彩说明 服饰整体以白色为主，给人清纯、浪漫的感觉。相对于有彩色来说，通过无彩色可以传达出更加丰厚的内涵。而且白色作为百搭的色彩，具有很强的包容性。

设计理念 以镂空的图案与蕾丝相结合，尽显女性的柔美与浪漫。合理的剪裁设计，让女性线条优美的身材一览无余。

□CMYK=0,0,0,0

❶镂空的图案让整体造型极具立体感与通透感。

❷全身白色给人纯洁无瑕的感受。

❸立体的蝴蝶增强了服饰的层次立体感。

色彩延伸

4.3.2 性感

色彩说明 黑色向来代表成熟、稳重，同时也象征着神秘与性感。黑色是绝大多人钟爱的颜色，时髦并且百搭，无论穿在任何场合都不会出错。

设计理念 蕾丝与薄纱的拼接完美地演绎了性感与精致。曲线修身的剪裁更是突出了女性独特的曲线美。

■CMYK=100,100,100,100

❶裙摆位置采用宽松的剪裁，搭配薄纱的质感，走起路来摇曳生辉。

❷薄纱半透明的质感给人朦胧的美感。

❸拼接的设计手法柔中带刚，焕发摩登气息。

色彩延伸

4.3.3 成熟

色彩说明 纯黑色的套装利用剪裁与材质把整体烘托得酷感十足，蕾丝的装饰让整个作品率性十足又不乏成熟性感。

设计理念 绸缎与蕾丝的拼接设计为时装增加了层次感和灵动感，仿佛在衣服上拼接出一场绚丽的游戏。精美的蕾丝图案透着华丽与成熟。

■CMYK=100,100,100,100

❶ 高腰的剪裁更能突出女性妖娆的身形。
❷ 蕾丝的装饰华美精致，与复古并存。
❸ 这种刚柔并济的设计手法非常适合职场女性。

色彩延伸

4.3.4 优雅

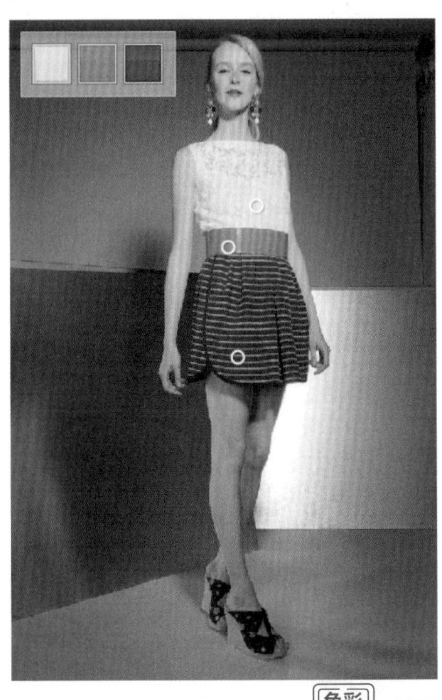

色彩说明 白色的应用给人清纯、优雅的感觉，明亮的粉色使整体效果带有清新靓丽的魅力气质。

设计理念 整体效果为典型的温柔系搭配，简洁的白色搭配不同明度的粉色条纹，带给人优雅、温柔、内敛的感觉。

CMYK=0,1,0,8
CMYK=0,56,32,0
CMYK=0,43,20,52

❶ 浅玫瑰红的搭配使整体带有活跃的色彩。
❷ 整体趋向优雅的、温柔的、端庄的风格特征。
❸ 条纹的应用给人极强的韵律感和规律感。

色彩延伸

4.3.5 常见色彩搭配

娴静		清秀	
纤雅		甜美	
温情		单纯	
纯真		清秀	

4.3.6 优秀设计鉴赏

4.3.7 动手练习——彰显优雅温柔气质

服装采用了非常明亮、活泼的橙色，给人温暖、欢快的感觉。试着将服装的颜色进行适当的替换吧，使整体散发出女性魅力，给人温柔、优雅的感觉。

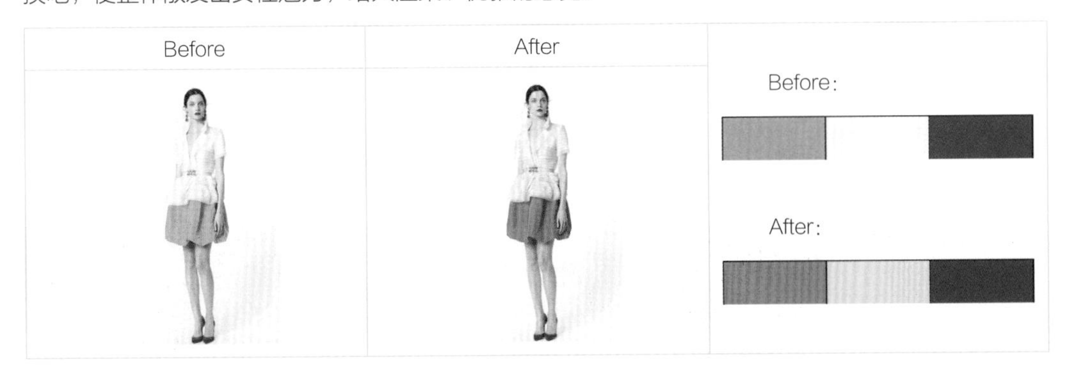

4.3.8 配色妙招——巧用渐变色

渐变色是指将色彩从明到暗，由浅到深，或者从一个色彩过渡到另一个色彩的效果，能够产生百变的色彩效果，给人变幻莫测的视觉感。

同色系的渐变能够给人明确的色彩倾向，颜色统一，却不失层次变化。

4.3.9 配色实战——蓝色系色彩搭配

4.4 丝织类

高贵 \ 典雅 \ 张扬 \ 拼接

丝织面料质感柔顺、光滑，多给人富贵、华丽的感觉；手感柔软、滑爽、厚实、丰满，而且面料弹性优异；具有良好的吸湿性和散热性，对皮肤有一定的保护作用；有较好的悬垂性和透气性，而且飘逸感极强，是女性服饰常用的材料之一。

4.4.1 高贵

色彩说明　一袭白色长裙加上些许淡黄色做点缀，整体散发着优雅、高贵之感。

设计理念　鱼尾长裙并不少见，设计师在腰间添加层叠的花瓣作为装饰，巧妙化解原本单调的设计，试问哪个女孩子没做过花仙子的梦呢？

CMYK=35,60,100,0

CMYK=31,36,86,0

CMYK=0,0,0,0

❶ 作品整体柔和，似乎刚刚绽放的花朵，修身的剪裁将模特的身材表现得如同花蕾一般丰满。

❷ 渐变色的花朵丰富了服装的颜色，而且在白色的衬托下，显得优雅而高贵。

❸ 抹胸的设计能展现完美的脖、肩、背线条，让性感味道优雅地完美展现。

色彩延伸

4.4.2 典雅

色彩说明　整体服饰以青色为主色，青色会使人联想到湖泊或海洋，给人清澈、凉爽之感。

设计理念　顺滑的材质非常适合制作长款的服装，自然的下垂感给人舒适的感受。变化的不规则裙摆则极具特色。

CMYK=13,2,0,13

CMYK=23,18,0,27

CMYK= 16,16,0,71

❶ 大面积的青色令人感觉到清爽、自然。

❷ 搭配紫色的装饰传递出梦幻、典雅的感觉。

❸ 柔软的服装材质给人舒适、安逸的感觉。

色彩延伸

4.4.3 张扬

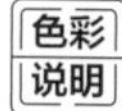

银色并不是所有人都能驾驭的颜色，它泛着金属的光泽，带有些许朋克味道。正因如此，它更能突出特立独行的风格和对生活的态度。

这是一件时尚与奢华并存的作品，宽松的剪裁流露出懒散、随性的意味，也象征着不拘一格、自由与洒脱。

CMYK=37,32,29,0
CMYK=60,66,54,2
CMYK=68,67,70,24

❶ 作品整体风格动感又吸引眼球，富有垂感的材质充分体现了选料与做工的精良。
❷ 腰带与袖口的设计相互映衬，相得益彰。
❸ 在这件作品中，没有任何的过多装饰，单纯以材质和剪裁就能够展示设计的精髓。

色彩延伸

4.4.4 拼接

色彩说明

白色的背景能够很好地衬托出紫色、绿色等丰富颜色的花纹效果，并且给人优雅、自然的感觉。

设计理念

带有光泽的丝绸面料拼接半透明的长袖，给人清凉的感受。相互交叉变化的裙摆设计增加了服饰的整体美感。

CMYK=2,2,0,5
CMYK=23,24,0,28
CMYK=38,31,0,94

❶ 纷繁多彩的花纹给人丰富的视觉效果。
❷ 黑色的应用增加了服饰的时尚感和现代感。
❸ 白色的应用传递出素雅、优美的感觉。

色彩延伸

4.4.5 常见色彩搭配

华丽		丰润	
魅力		风雅	
典雅		舒适	
孤傲		幽雅	

4.4.6 优秀设计鉴赏

4.4.7 动手练习——突显沉稳大方气息

服装使用邻近色进行搭配，整体给人一种自然、舒畅的感觉。让我们尝试将服装的颜色进行适当的替换吧，使整体颜色更加分明，传递出一种沉稳、大方的气息。

4.4.8 配色妙招——巧用低明度色调

低明度的色调是较偏深色系的一种沉静色彩，能够给人文静、庄重、超脱世俗的感觉。

低明度色调的配色，常给人文雅而忧郁之感，是冬季服饰最常使用的颜色。

4.4.9 配色实战——不同明度色彩搭配

单色配色

双色配色

三色配色

4.5 麻织类

田园 \ 柔美 \ 恬静 \ 清新

麻织面料主要有竺麻布和亚麻布。麻织面料耐磨性强，传热快，散热也快，是做夏装的理想材料，具有穿着舒适、凉爽的特点。但染色性较差，故色泽单一。麻类服装在结构上适宜作直线的分割线或轮廓线，因其悬垂性能不佳，应避免运用褶裥或做成张开的衣裙，否则会给人以臃肿的印象。

纯麻织品，外观细致光亮，织品组织纹路清晰可见。纱织较棉、毛、纱化纤织品为粗，织物表面多为粗纱织、竹节纱，这些就是麻织品的特殊风格。 一般来说，纯麻织物的手感粗硬，柔软性差，有挺爽感。外力作用后，织物褶皱较多，分布着大小不等的褶痕。因麻质面料弹性差，麻织物的缩水率较大，不宜作紧身或运动量大的结构设计。

4.5.1 田园

色彩说明 白色搭配紫红色能够使人感到浓浓的田园味道。

设计理念 宽松的下摆给人随意、放松、舒适的感觉。搭配同色系的小碎花图案，直观地传递出田园风格的主题效果。

CMYK=2,2,0,4
CMYK=0,35,23,42
CMYK=0,31,26,66

❶复古的图案和裤子设计给人淳朴、自然的感觉。
❷白色的应用体现出明亮、生命的感觉。
❸宽松的样式和碎花的搭配看起来十分融洽。

色彩延伸

4.5.2 柔美

色彩说明 粉色常常用来代表女性，多给人以浪漫、清新和柔美的感觉。

设计理念 宽松的连衣裙款式，给人舒适、放松的感觉。搭配同色系的外套，充分体现出了女性的浪漫主义风格。

CMYK=0,5,11,3
CMYK=0,22,31,17
CMYK=0,12,26,12

❶轻薄透气的亚麻材质非常适用于炎热的夏季。
❷适当的抽褶设计增加了裙摆的立体感。
❸浅粉色的应用给人明亮、优美的感觉。

色彩延伸

4.5.3 恬静

色彩说明 卡其色与米白色的搭配是那么恬静淡然又充满女人味，淡然素雅之余透露着对生活本真的态度。

设计理念 长衫配长裙，都是充满复古味道的单品，搭配在一起安静又美好。

CMYK=20,26,23,0

CMYK=8,9,4,0

❶ 浑身上下由两种颜色组合而成，简单、随意不花哨。

❷ 棉麻材质透气、亲肤，就算长衫、长裙也不会很热。

❸ 宽松的剪裁随意而舒适，日常、逛街穿搭都很不错。

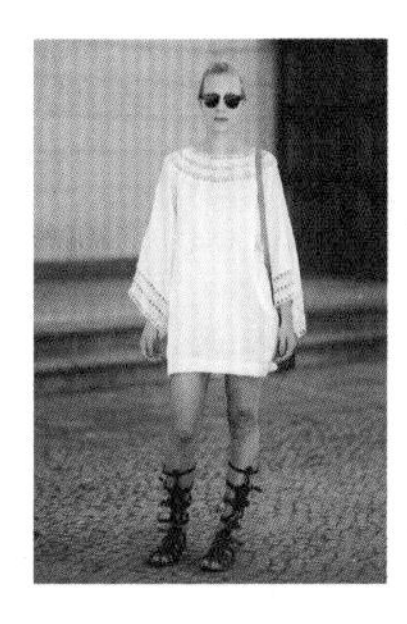

色彩延伸

4.5.4 清新

色彩说明 清新甜美的淡蓝色与淡粉色，可爱俏皮。搭配上个性的袜子，搞怪又减龄。

设计理念 星期天不用上班，穿上可爱连衣裙去海边！棉麻的小裙子透着浓浓的少女感，宽松的剪裁，加上露出的大长腿，活力四射的感觉一定是焦点的所在。

CMYK=61,44,22,0

CMYK=30,43,27,0

❶ 这两条裙子的图案也非常可爱清新，波点与格子是永恒的经典。

❷ 这两套衣服非常适合作为“闺蜜装”，款式相似而图案不同，统一中又富有变化。

❸ 宽松的剪裁与超短的小裙子，不挑身材，人人都爱。

色彩延伸

4.5.5 常见色彩搭配

清新		回归	
和煦		花香	
幽玄		安闲	
情愫		惬意	

4.5.6 优秀设计鉴赏

4.5.7 动手练习——营造凉爽舒适氛围

服装使用粉色系邻近色进行搭配，整体给人一种柔美的感觉。让我们尝试将服装的颜色进行适当的替换吧，使整体颜色更加分明，传递凉爽的气息。

4.5.8 配色妙招——巧用冷色调

冷色调是较偏深色系的一种沉静色彩，能够给人文静、庄重、超脱世俗的感觉。

4.5.9 配色实战——同色系搭配

4.6 牛仔类

洒脱 \ 随意 \ 中性 \ 个性

牛仔布具有弹性、手感丰满、柔软厚实的特征，而且穿着舒适，易于搭配服装，所以牛仔类的服饰才久盛不衰。牛仔布服装有别于礼服、高级时装等，它是一种自下而上流行的模式，面料与款式都具有自由、豪放、实用、时尚的风格。

牛仔布通过不同的加工方法，如石洗、砂洗等能够使牛仔面料产生不同的外观及手感。牛仔面料的特点取决于其原料构成、纱线特征、组织结构、织造方法等因素，特别是后期加工对牛仔面料起到了很重要的作用。

4.6.1 洒脱

色彩说明　不同明度的蓝色搭配既有层次也有对比效果。大面积的深蓝色应用给人冷静、豁达的感觉。

设计理念　使用具有弹性和舒适质感的牛仔材料制作服装，造型变化性极强。该搭配给人另类、自由和洒脱的感觉，直观地反映出服饰的风格与气质。

CMYK=6,5,0,5

CMYK=31,21,0,26

CMYK=65,47,0,62

❶浅蓝色的部分传递出清爽、纯净的感觉。

❷大面积的深蓝色具有深沉、凌厉的气质。

❸简单的搭配体现了简洁、洒脱的个性。

色彩延伸

4.6.2 随意

色彩说明　岩蓝色搭配橙色具有明显的对比效果，安静中带着俏皮的感觉。

设计理念　彩色的应用强化了牛仔本身带有的不羁、奔放的味道。整体搭配看似随意，但简单不失热情。

CMYK=17,11,0,15

CMYK=34,23,0,42

CMYK=0,44,70,15

❶互补色的应用增加了整体服饰的对比效果。

❷岩蓝色的应用给人安静、舒适、智慧的感觉。

❸大面积的橙色传递出俏皮、活泼的感觉。

色彩延伸

4.6.3 中性

色彩说明 蓝色是牛仔的代表色，模特一身蓝色的牛仔装，帅气、个性，有着很浓的中性色彩。

设计理念 牛仔上衣+牛仔裤搭配不当很容易给人死板的感觉，所以浅色的牛仔衬衫丰富了层次、调和了死板的印象。

CMYK=95,90,45,12
CMYK=78,61,38,1
CMYK=47,30,22,0

❶褐色的高跟鞋让原本过于硬朗的穿搭多了几分楚楚动人。
❷修身的牛仔裤能够突出女性曼妙的身材。
❸黑色帽子与整体的搭配相得益彰。

色彩延伸

4.6.4 个性

色彩说明 青瓷绿是兼具了蓝、绿两色特质的极具魅力的色彩。

设计理念 牛仔布料具有耐磨损和纹路清晰的特点，具有很强的适用性。连体短裙的设计充分体现了青春、活泼的特点。同时多个口袋的设计增加了服饰的装饰性和实用性。

CMYK=8,4,0,12
CMYK=20,0,7,34
CMYK=4,0,14,68

❶搭配同色系的色彩具有统一色调的作用。
❷短裙的设计瞬间有一种俏皮可爱的感觉。
❸整体造型将精致和简约完美地结合在一起。

色彩延伸

4.6.5 常见色彩搭配

洒脱		灵动	
自在		诚意	
个性		随意	
果敢		坦诚	

4.6.6 优秀设计鉴赏

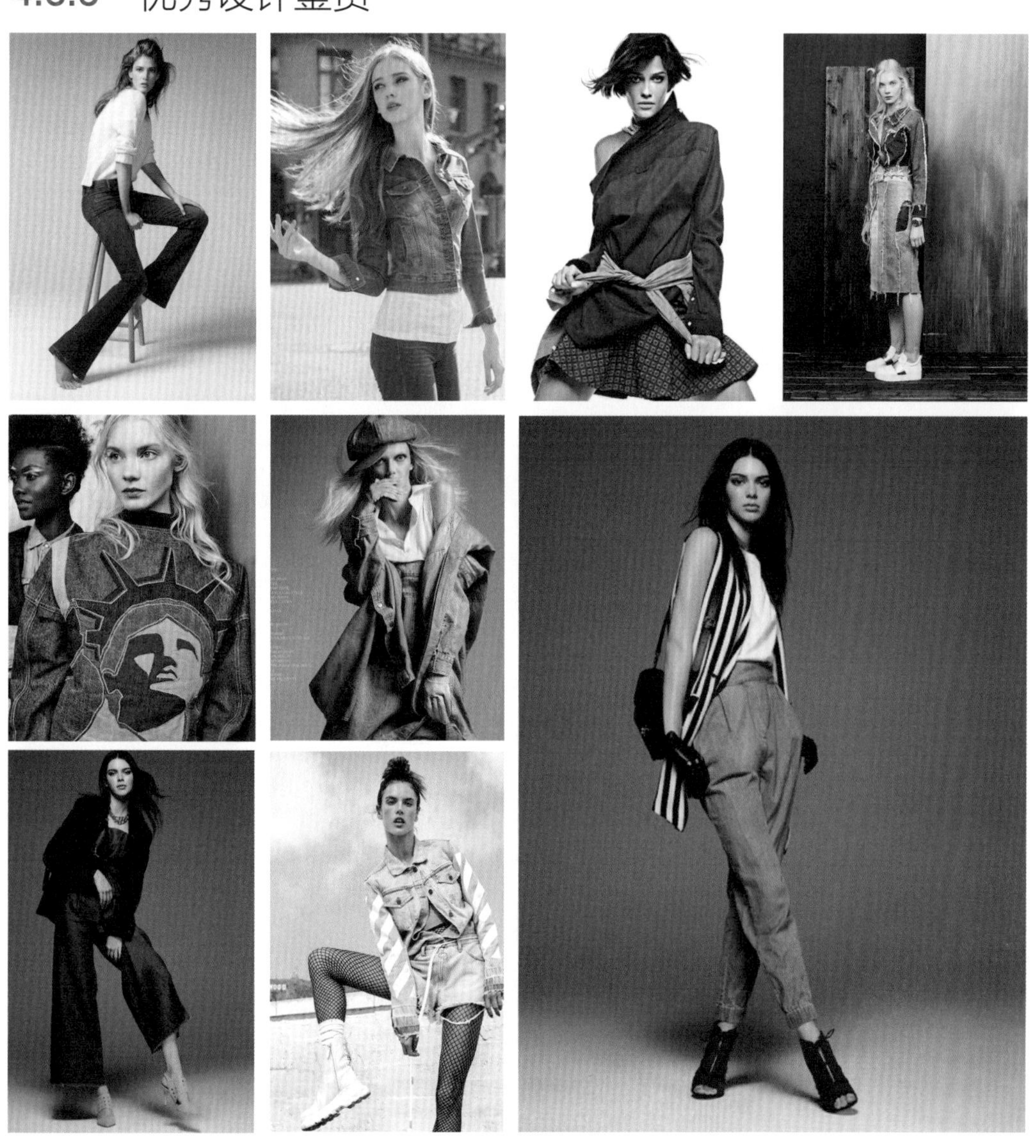

4.6.7 动手练习——营造青春洋溢感

服装整体采用无色彩的搭配，体现出黑白灰的对比效果，给人低沉、随性的感觉。尝试将无彩色换为有彩色的效果吧，能够给人缤纷的视觉效果，整体传递出青春洋溢、活泼多变的感觉。

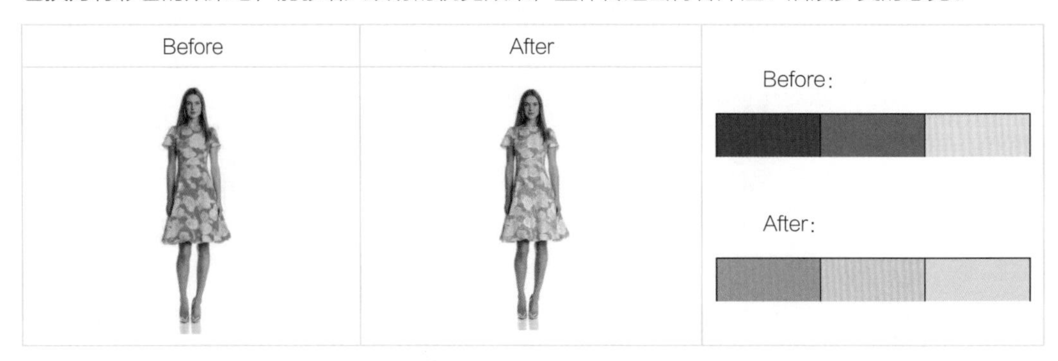

4.6.8 配色妙招——巧用黑白搭配

黑与白两种颜色的搭配一直是最经典的搭配之一，运用黑白两色的对比能够表现出不同风格的效果，两极分化较大的颜色搭配体现出强烈的前卫时代感。

大量的黑白色应用，在视觉上营造出一种理性的感觉。简单的颜色使整体显出整洁、利落、干练的感觉。

4.6.9 配色实战——无彩色与有彩色搭配

4.7 针织类

温暖 \ 稳重 \ 甜美 \ 成熟

针织类面料是春秋换季服装常用的一种服装面料，针织类面料质地松软，具有很好的延伸性和弹性，以及良好的抗皱性和吸湿透气性。穿着健康舒适、贴身合体、无拘谨感。针织类服饰多运用简洁柔和的线条，这样可以与针织品的柔软适体风格协调一致。

针织面料具有很好的伸缩性，在服装设计时可以最大限度地减少为造型而设计的接缝、收褶、拼接等。一些针织面料具有脱散性，所以在服装设计中尽量减少切割线和拼接缝，以防止发生针织面料脱散的情况，从而影响服装的整体效果。

4.7.1 温暖

色彩说明 浅灰色的应用给人朴素、幽静的感觉。搭配绿色和红色的花纹，起到了衬托和对比的作用。

设计理念 上衣渐变花纹的应用增加了整体服装的造型感，使其不会过于单调。针织的材质则给人厚度、温暖的感觉。

CMYK=0,5,11,19
CMYK=23,0,9,46
CMYK=0,46,75,46

❶整体为圆形的花纹设计极具几何感。
❷搭配褐色的裤子给人温暖和稳重的感觉。
❸铬绿色的手套与上衣的灰色调搭配十分和谐。

色彩延伸

4.7.2 稳重

色彩说明 深色系的应用，降低了颜色过于明亮而产生的轻浮感，多了一份稳重。

设计理念 毛衣上不同的条纹图案和针织纹理极富层次感，十分抢眼。与黑白格的短裙搭配带来个性与气质的味道，休闲与时尚并存。

CMYK=0,0,2,3
CMYK=0,57,29,19
CMYK=23,16,0,66

❶服装色彩层次的渐变设计规律而不突兀。
❷帽子的红色条纹起到装饰和突出的作用。
❸带有花朵图案的外套增加了自然、舒适之感。

色彩延伸

4.7.3 甜美

色彩说明 粉红色似乎是专属少女的颜色，这件毛衣以浅粉色为基色，搭配不同明度的粉色与淡蓝色，整体给人一种甜美、浪漫的年轻感。

设计理念 针织毛衣是人手必备的单品，要想不落俗套那么就必须从款式上下功夫。这种毛衣的款式新颖，从纺织图案到点缀元素，都给人前卫、时尚的感受。

- CMYK=2,38,6,0
- CMYK=15,53,19,0
- CMYK=61,53,19,0

❶ 春天或秋天，一件适宜的毛衣不仅保暖，又叫人心生欢喜。

❷ 毛衣上缤纷的色彩，奇异而又引领时尚。

❸ 粉红色调尽显少女情怀，象征着对浪漫的幻想。

色彩延伸

4.7.4 成熟

色彩说明 这是一条深褐色的毛衣长裙，颜色深沉、稳重。毛衣穿着的季节集中于秋天、冬天，这种深色调完全符合周围环境，并不会很突兀。

设计理念 作品中没有过多的装饰，只还原了细腻的线条，而流露的是衣物最原本的美。

- CMYK=71,78,72,44
- CMYK=59,52,47,0
- CMYK=25,36,35,0

❶ 作品修身的剪裁与上乘的品质，体现了不凡的品位和出众的气质。

❷ 淡咖啡色的腰带、皮包与灰色的鞋子，丰富了整体着装的颜色。

❸ 高领的设计既能保暖，又使脖颈显得修长。

色彩延伸

4.7.5 常见色彩搭配

朴实		成熟	
古典		格调	
积蓄		清亮	
幻想		知性	

4.7.6 优秀设计鉴赏

4.7.7 动手练习——提升服装明度差

服装的明度差异较小，缺乏层次感，给人压抑、低沉的感觉。尝试将服装的部分颜色明度进行调整，使整体明度差异加大，对比更加清晰，给人良好的视觉感受。

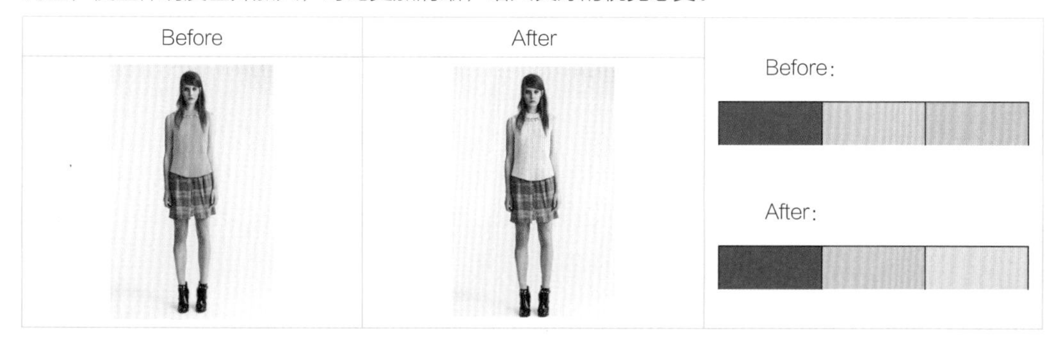

4.7.8 配色妙招——巧用点缀色

点缀色的主要作用是点缀主色和辅助色，常常占据比较小的面积。虽然点缀色的面积较小，但通常会起到点睛之笔的作用。

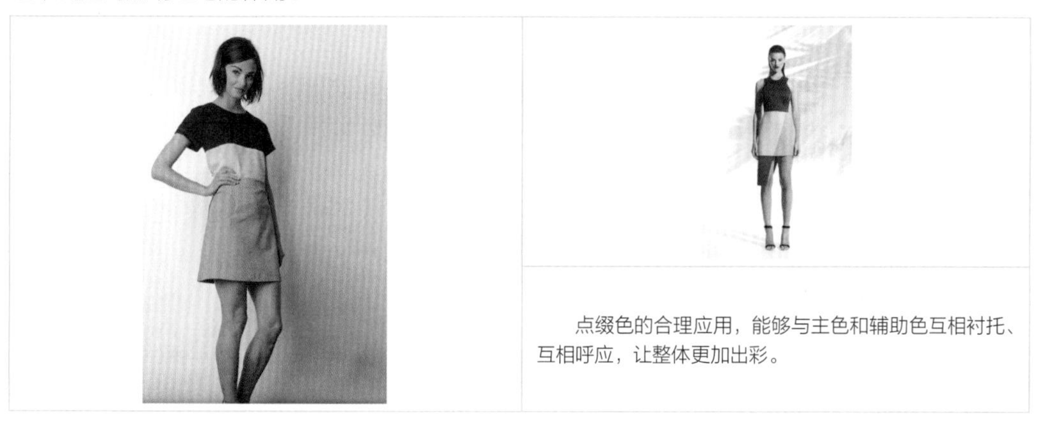

4.7.9 配色实战——低纯度色彩搭配

4.8 皮革类

张扬 \ 帅气 \ 鲜明 \ 休闲

皮革一般分为真皮和人造皮革两种，真皮类面料具有遇水不易变形、干燥不易收缩的特点，所以是很好的耐磨损材质。人造皮革的质地柔软、样式美观、穿着舒适，虽然耐磨损程度较低，但是因其性价比高、颜色牢度好等特点，依然是常用的面料之一。

皮革常给人硬朗与强势的感觉，皮革的面料具有良好的弹性，所以使用皮革制作的服饰贴身效果更佳。皮革的颜色除了常见的黑色、棕色之外，黄色、橘红等鲜艳明快的色彩也同样适用在皮革面料上，能够给人带来明快的感觉。

4.8.1 张扬

色彩说明 在皮革材质中应用深色系的颜色，会给人成熟和冷静的感觉。

设计理念 皮革具有结实耐用的特征，所以可以制作大面积的镂空图案。分明的层次和边角，产生了如花般绽放的效果，给人一种张扬的感觉。

CMYK=1,2,0,51
CMYK=0,9,12,64
CMYK=0,3,2,77

❶ 深灰色的应用给人低调、沉稳的感觉。
❷ 镂空的图案造型使整体极具个性。
❸ 层次的变化体现了花朵的写意效果。

色彩延伸

4.8.2 帅气

色彩说明 棕色也是非常帅气的颜色，如果厌倦了黑色的沉闷，那么深棕色也是不错的选择。

设计理念 皮夹克是型男必备之选，既保暖又有型，可穿性非常强。模特身穿的这件夹克，合身的剪裁能够很好地衬托出修长的身形，阳刚指数爆表。

CMYK=75,75,73,48
CMYK=81,80,78,63
CMYK=90,86,62,44

❶ 模特内搭白色T恤，外搭一件皮夹克就能非常有型，保暖又不失帅气。
❷ 皮夹克搭配无论是搭配牛仔裤，还是军装裤，都适合于日常穿着。
❸ 小立领的设计舒适、干练又帅气！

色彩延伸

4.8.3 鲜明

色彩说明 午夜蓝色和鲜红色的搭配产生了冷暖对比效果。同时大面积的白色反映出正直、刚正的感觉。

设计理念 另类的正装造型，突出了特立独行的风格特征。多块颜色的拼接设计，不仅强调组成部分，而且具有很强的独特感。

CMYK=0,2,1,10
CMYK=0,88,88,22
CMYK=12,14,0,77

❶ 主体的白色背景突出了庄重、平和的效果。
❷ 红色和蓝色的应用增加了服饰的视觉对比。
❸ 颜色的拼接应用具有随机性和鲜明性。

色彩延伸

4.8.4 休闲

色彩说明 深棕色的夹克给人深沉、老练的感觉。搭配深绿色的针织毛衣，给人一种很随意、休闲的感觉，在日常穿搭中非常常见。

设计理念 略宽松的剪裁不会让人感觉很紧绷。没有花哨的装饰，简洁有范。一件经典的夹克能够穿很多年，是很多人都有的必备单品之一。

CMYK=80,77,73,51
CMYK=85,77,76,58
CMYK=94,87,56,31

❶ 深绿色的毛衣里面还搭配了白衬衫，整体造型很有层次感。
❷ 皮夹克的硬朗和毛衣的休闲完美结合在一起，时尚、休闲两不误。
❸ 皮革材质难免会给人冰冷的感受，毛衣的材质则给人温暖的感觉。

色彩延伸

4.8.5 常见色彩搭配

干练		沉着	
豁达		时尚	
强劲		华贵	
历史		怀旧	

4.8.6 优秀设计鉴赏

4.8.7 动手练习——丰富整体色彩

服装整体颜色搭配较为单一，给人庄重、阴沉、黯淡的感觉。尝试将服装部分颜色进行替换，整体颜色更加丰富明亮了，同时给人多彩缤纷的视觉感受。

4.8.8 配色妙招——巧用服装色彩面积

相同的色彩搭配，不同颜色的占据面积会使整体呈现截然不同的视觉效果。而且能够突出主次，并使整体服装的色彩倾向发生变化。

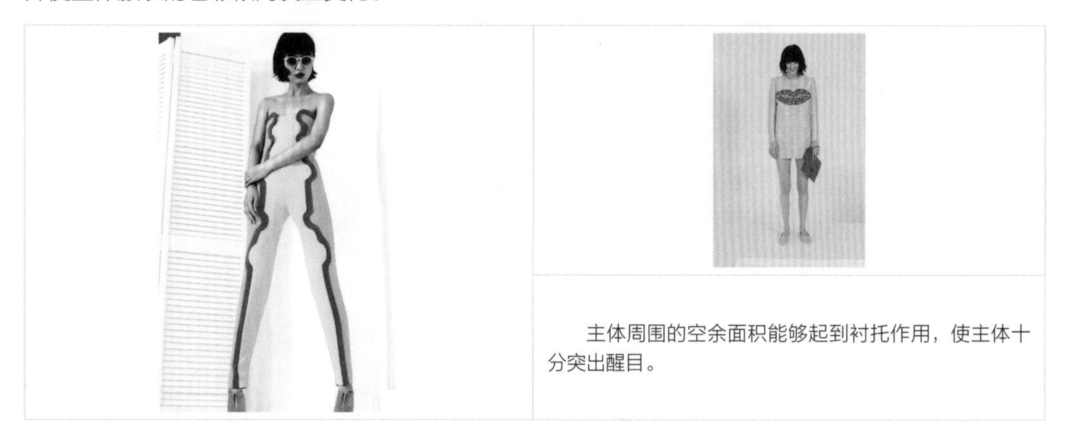

主体周围的空余面积能够起到衬托作用，使主体十分突出醒目。

4.8.9 配色实战——青春洋溢的配色

单色配色

双色配色

三色配色

4.9 呢料类

沉稳 \ 庄重 \ 舒适 \ 优雅

呢子面料包括纯羊毛，以及羊毛与其他纤维混纺料。呢子面料的风格新颖别致，挺括不失柔软，朴素又不失时尚，并具有典雅的气质。因为呢料特殊的外观和优越的保暖性，被广泛应用于各种秋冬款式的服装中。

4.9.1 沉稳

色彩说明 浅褐色这种沉稳、低调的色彩给人一种稳重感。

设计理念 呢子面料保暖且厚密，常用来制作大衣等外套。简单干练的造型风格新颖且别致，硬朗中蕴含典雅。

CMYK=0,18,27,37
CMYK=17,14,0,38
CMYK=0,27,40,81

❶浅褐色与岩蓝色的搭配朴实而不失时尚。
❷简单大方的设计凸显干练、稳重的气质。
❸直挺的剪裁、简单的搭配散发出知性的味道。

色彩延伸

4.9.2 庄重

色彩说明 褐色的运用体现出庄重、内敛的感觉。搭配黑白对比色，则传递出果敢、智慧的效果。

设计理念 呢子的外搭设计既简单又独具特色，而且富有重量感和层次感，体现出知性、理智的感觉。

CMYK=0,0,2,0
CMYK=0,13,30,75
CMYK=19,23,0,90

❶黑色和白色形成了鲜明的对比效果。
❷宽松的外搭体现出沉稳大方的气质。
❸既具理智、大方的时尚味道，又不失个性。

色彩延伸

4.9.3 舒适

色彩说明 驼色是一个男女“通吃”的颜色，不温不火的特点，让人感觉格外亲切。不仅如此，驼色不挑皮肤颜色，无论是何种肤色都能很好地提升气质。

设计理念 这是一款荷叶边的风衣，集温柔与优雅于一身。无需系扣子，走起路来摇曳生姿。

CMYK=41,50,67,0
CMYK=63,54,51,1
CMYK=84,80,72,56

❶ 舒服的驼色，提升气质之余多了一份温暖感。
❷ 内搭一件白衬衫，虽然简单，但是款式和风格却相当有型。
❸ 秋冬季节较为寒冷，一件保暖的毛呢外套舒适、保暖又好看。

色彩延伸

4.9.4 优雅

色彩说明 青瓷绿色和鲜红色的应用形成了冷暖对比效果，增强了整体服饰的色彩感觉。

设计理念 经典的格子造型优雅简约，尽显时尚的英伦风范。圆形的立领和重叠的裙装设计，造型感十足。

CMYK=33,0,11,20
CMYK=0,83,78,27
CMYK=0,39,12,71

❶ 格子的经典造型更显服饰的优雅大方。
❷ 亮色服装搭配深色手拿包彰显优雅品位。
❸ 多色的条纹格子摆脱了单纯的两色搭配。

色彩延伸

4.9.5 常见色彩搭配

坚持		文雅	
精致		平静	
风度		脱俗	
厚重		稳重	

4.9.6 优秀设计鉴赏

4.9.7 动手练习——暖色调服装色彩效果

服装整体搭配以冷色调为主，给人清爽、冷静的感觉。使用棕色、橙色以及红色的搭配，可以使整体传递出温暖、热情的感观效果。

4.9.8 配色妙招——巧用类似色

类似色的搭配能够使整体的邻接色统一、柔和、主色调明显，而且又具有耐看的特点，是效果明显又简单方便的色彩搭配。

类似色搭配是较为稳妥的方法，可以构成简单、自然的效果，而且能够产生明快的层次感。

4.9.9 配色实战——橙色系搭配效果

Fashion Design

Color Matching

5 服饰风格与色彩

5.1 欧美风格

服装风格是指一个时代、一个民族、一个流派或一个人的服装在形式和内容方面所显示出来的价值取向、内在品格和艺术特色。欧美风格是指服装在设计和整体风格上呈现欧美事物的感觉，具有欧美的特点。欧美风格的服饰简洁大方、大气凛然，具有随意的自由搭配感和华丽的设计理念。不同于优雅简约的英伦风，欧美风格更加随性，具有国际化的感觉，而且设计理念及做工都是时代潮流主流。

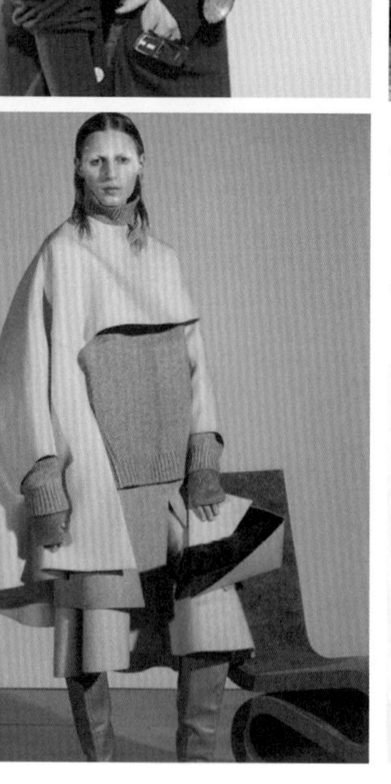

5.1.1 大气高贵的长款礼服

色彩说明 大面积橄榄绿色的应用给人自然、简单、高贵的感觉。

设计理念 以单一的颜色和造型为主，体现出简单、理性、自然的效果。带有光泽的材质也传递出高雅、华丽的气质。

CMYK=3,0,21,15

CMYK=0,1,33,37

CMYK=0,4,48,58

❶ 单色的应用体现了简洁大方的效果。

❷ 长款拖尾礼服设计具有奢华感。

❸ 适当的层次感增加了整体的变化性。

5.1.2 热烈积极的长袖短裙

色彩说明 大面积的红色给人热情、爽快、积极的感觉。同时红色和蓝色的冷暖对比效果，能够增强整体的视觉效果。

设计理念 整体服饰以简单的设计突显大方的感觉。反差较大的颜色应用也体现出时尚、高傲的感觉。

CMYK=0,0,0,0

CMYK=0,100,89,22

CMYK=99,69,0,63

❶ 简单纯粹的颜色搭配是欧美风格服装的典型特征。

❷ 红与蓝的对决传达出强大的气场。

❸ 随身型的剪裁很好地呈现出女性的曲线。

色彩延伸

5.1.3 稳重简约的呢子大衣

色彩说明 富有魅力的深红色，使整体服饰传递出优雅、稳重的感觉。

设计理念 舒适的浅色服装搭配休闲感觉的薄外套，突出了与众不同的都市冷静感，给人简洁、创意却不张扬的感觉。

CMYK=2,8,0,14
CMYK=0,77,73,64
CMYK=0,7,8,10

❶深红色能够给人厚重感和魅力感。
❷浅色的应用给人以优雅朴素又不失雅致的感觉。

色彩延伸

5.1.4 现代经典的条纹长裤

色彩说明 黑白永远是最协调、最经典的颜色，体现出大方、简约的风格。

设计理念 黑白两色条纹是百搭的图案，这款黑白条纹的长裤，不仅带有极强的现代感，还可以拉长身形，有塑造完美身材的效果。

CMYK=0,5,2,7
CMYK=0,85,86,2
CMYK=50,50,0,98

❶黑白两色的简单组合，着实让人倍感新鲜。
❷简洁、利落的搭配突显明快的服饰风格。
❸经典的黑白条纹可以展示出个性时尚的感觉。

色彩延伸

5.1.5 常见色彩搭配

气韵		简约	
奔放		舒畅	
跳跃		坚硬	
积极		务实	

5.1.6 配色实战——强烈的颜色搭配

单色配色

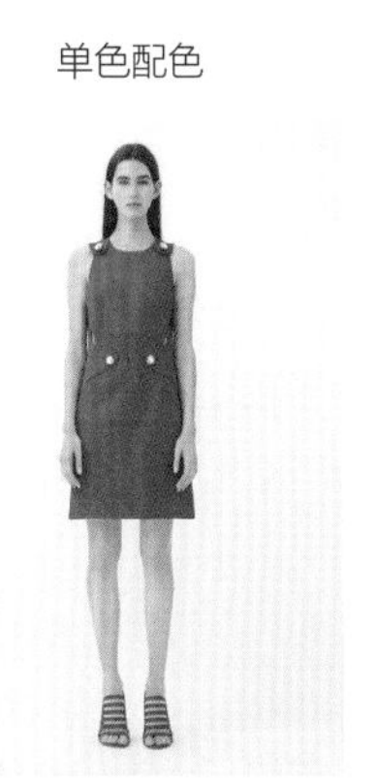

双色配色

三色配色

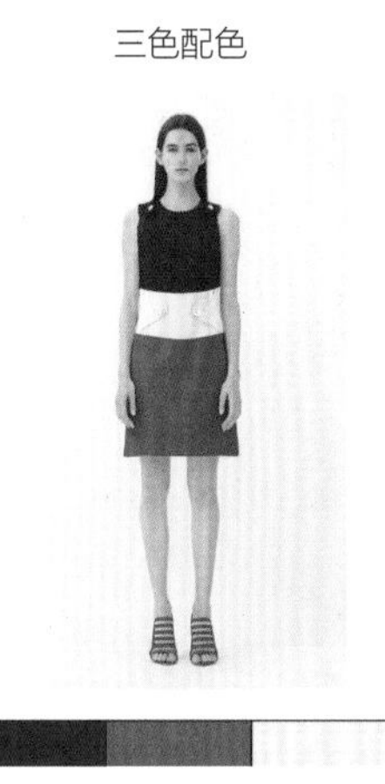

5.1.7 优秀设计鉴赏

5.2 韩版服装

韩版服装是指带有韩式设计和风格的衣服，是近年流行的一种服饰风格。韩版服装的主要特点是宽松、时尚、个性、休闲，为古典风格和款式加入新的创意，诠释出新的时尚效果。与简单的色调应用相比较，韩版服装更擅长通过明暗对比的特殊效果来彰显其独特的时尚感。韩版服装款式多样，能将传统的风格与时尚潮流结合起来，体现出华丽、前卫、柔和、简约等各种风格。

5.2.1 精致职场OL风格

色彩说明 这是一套高明度的着装，浅灰色的毛呢外套内搭浅卡其色的毛衣，下搭白色的裤子，整体给人一种干净、自在之感。整体的搭配随性而精致，非常适合年轻的职场女性。

设计理念 双排扣的呢料大衣保暖而舒适，过膝的长度显得身材十分修长。

CMYK=26,18,15,0
CMYK=34,32,38,0

❶ 高领毛衣实用，又填补了脖子位置的空白。
❷ 宽松的阔腿裤，与整套着装搭配在一起知性又优雅。
❸ 整套搭配属于H型，宽松的剪裁遮肉又显瘦。

色彩延伸

5.2.2 清新甜美的波点长裤

色彩说明 粉橘色的应用给人糖果般的视觉效果，让人感觉到甜蜜、温馨、可爱。

设计理念 带有小波点图案的裤子清新甜美，时尚百搭，搭配白色的上衣，使整体散发出青春洋溢的气息。

CMYK=3,0,5,3
CMYK=64,0,1,22
CMYK=0,0,10,5

❶ 粉橘色给人带来甜美、明亮的视觉效果。
❷ 搭配白色的小波点图案给人俏皮、可爱的感觉。
❸ 蓝色的可爱蝴蝶结发饰起到协调统一的作用。

色彩延伸

5.2.3 优雅明亮的韩版连衣裙

色彩说明 明亮的嫩黄色给人轻快、活力的感觉，搭配浅紫色散发出年轻、优雅的气息。

设计理念 合身的明亮上装搭配贴身短裙，整体散发出优雅、优美的感觉，协调统一的花纹更显精致。

- CMYK=0,6,52,8
- CMYK=6,2,0,11
- CMYK=17,14,0,39

❶ 明亮的黄色应用十分具有吸引力。
❷ 浅紫色的搭配使活泼中不失优雅气息。
❸ 贴身的设计更加突出了身材的曲线效果。

色彩延伸

5.2.4 轻盈婉约的褶皱短裙

色彩说明 紫色的应用总让人感觉到优雅、很有魅力，搭配白色更显清新。

设计理念 简单的上衣搭配这款带有褶皱的短裙，给人轻盈的感觉。造型简单而不繁复，突出了优雅婉约的风格。

- CMYK=6,3,0,3
- CMYK=8,6,0,15
- CMYK=24,18,0,3

❶ 紫色这一优雅的颜色传递出迷人的效果。
❷ 白色的搭配给人素雅、细腻的感觉。
❸ 适当的褶皱效果给人优雅不失青春活力的感觉。

色彩延伸

5.2.5　常见色彩搭配

天真		清凉	
柔美		伶俐	
动感		淡然	
雅致		内敛	

5.2.6　配色实战——清新色彩搭配

单色配色

双色配色

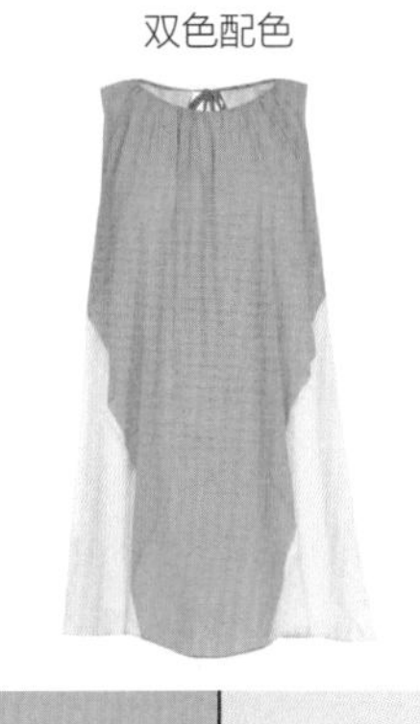

三色配色

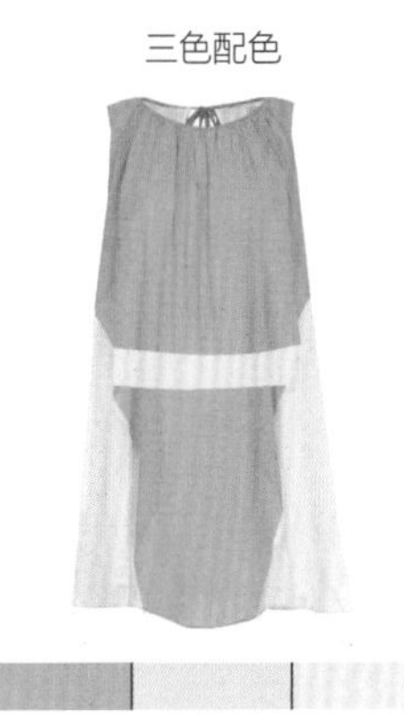

5.2.7　优秀设计鉴赏

5.3 学院风

学院风是指“常青藤”盟校的校园着装风格，是美国和英国穿着方式的融合产物。大气的剪裁结合经典的简单搭配，体现出单纯而不复杂的风格，给人宁静、舒心、活泼亲切的朝气感。而且学院风不仅表现在着装款式上，也显现在搭配和细节中，如格子图案、短裙等。学院风以学生的青春活力彰显其凉风袭来的清冽动感，用简约、清淡、复古的方式突显个性。

5.3.1 英伦学院风

色彩说明 模特上半身的搭配同属于高明度，淡蓝色的西装外套搭配宽带条纹的毛衣，英伦范十足。下身搭配深绿色的裤子，与整体搭配协调、自然，不死板。

设计理念 英伦风的特点在于自然、优雅、含蓄、高贵，在这套搭配上这些特点表现得淋漓尽致。

CMYK=23,14,7,0
CMYK=93,91,62,45
CMYK=86,72,67,39

❶ 白色的衬衫、条纹毛衣与西装的搭配非常经典，能够让整套服装富有层次感。

❷ 黄色的西装手帕与蓝色的西装形成对比，让原本冷色调的衣着多了几分温暖。

❸ 小领结的搭配多了几分俏皮、可爱。

色彩延伸

5.3.2 可爱减龄的纯白T恤

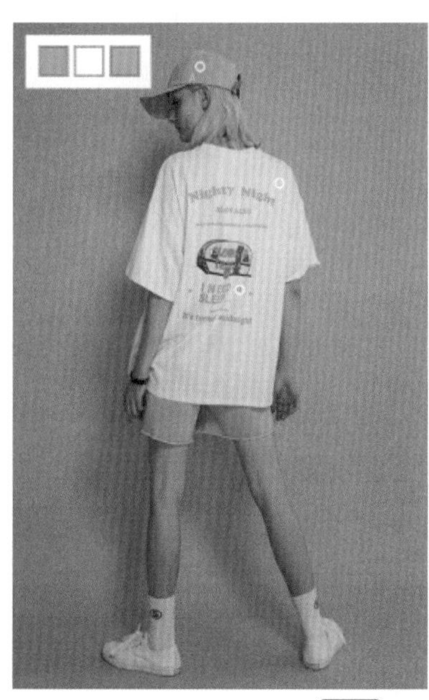

色彩说明 带有印花图案与英文字母的T恤，打破了纯色的枯燥感，同时给人满满的活力与动感。

设计理念 白色虽然过于单调，但是其百搭的特征，让其具有很强的存在感。无论是搭配牛仔裤还是短裙，均尽显年轻与活力。

CMYK=26,43,25,0
CMYK=0,0,0,0
CMYK=65,12,21,0

❶ 粉色的帽子是整体造型的亮点所在。

❷ 无衬线的英文字母，在字号的大小变化中丰富了细节效果。

❸ 浅蓝色水洗牛仔短裤，为炎炎夏日带去了凉爽。

色彩延伸

5.3.3 俏皮甜美的学院套装

色彩说明 浅粉红和薰衣草色给人柔和、俏皮、甜美的感觉，是典型的可爱色系。

设计理念 浅色的条纹图案与薰衣草色的搭配，使其简单而不乏变化。搭配同色系的眼镜，体现出轻松、活跃的感觉。

CMYK=0,11,9,6
CMYK=4,8,0,18
CMYK=0,31,27,54

❶ 条纹图案使整体效果不会过于单调。
❷ 明亮的金属色搭配突出活跃的风格。
❸ 大面积的浅粉红色传递出甜蜜、温馨的感觉。

色彩延伸

5.3.4 文静淑女的无袖短裙

色彩说明 浅蓝色的应用给人清新、明朗、清净的感觉，是个性比较安静的颜色。

设计理念 简洁明亮的用色和样式，传递出理智、轻松、文静的感觉，直观地表现出其优雅的主题风格。

CMYK=8,2,0,4
CMYK=13,5,0,14
CMYK=0,0,0,92

❶ 冷色调的应用使人在炎热的夏季感到一丝清凉。
❷ 若干扣子的排列设计使整体不会过于单调。
❸ 没有多余装饰的样式体现了优美和文雅的气质。

色彩延伸

5.3.5 常见色彩搭配

灵动		凉夏	
温润		灵巧	
探索		学园	
睿智		温情	

5.3.6 配色实战——层次色彩搭配

双色配色

三色配色

四色配色

5.3.7 优秀设计鉴赏

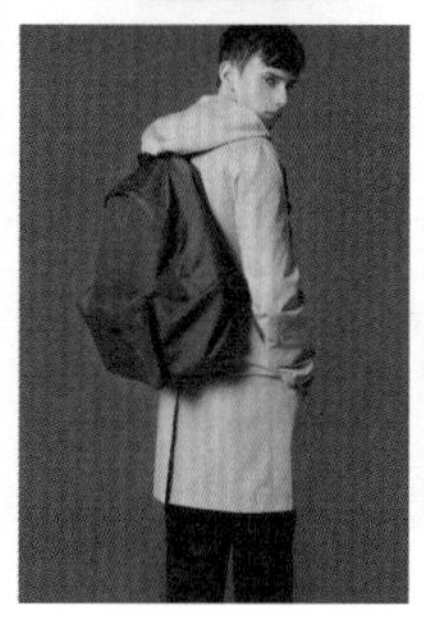

5.4 OL通勤

OL是“Office Lady”的缩写，即职业女性的意思。通勤是指通勤装，就是OL在办公和社交场合常穿的服饰。通勤服装的特点是简约大方，是优雅的职场女性最为青睐的风格，款式百搭，颜色干净。但是并非所有的OL套装都是自上而下严格统一的，受潮流影响，许多混搭和图案也应用进来了，一改套装的正式呆板的感觉。

5.4.1 简洁优雅的OL连衣裙

色彩说明 明度和纯度适中的粉红色是一种柔和、优雅的色彩，运用在服饰当中尽显女性的独特魅力。

设计理念 立领的设计为服饰增添了干练与成熟感，添加的腰带具有很强的收拢感。

CMYK=12,41,25,0
CMYK=93,88,89,80
CMYK=0,0,0,0

❶ 白色的头饰与手提袋颜色相呼应，给人统一和谐的感觉。
❷ 七分袖的设计，为女性在工作中带去了便利。
❸ 服饰整体没有任何多余的图案作为装饰，具有大方、简约的特征。

色彩延伸

5.4.2 甜美干练的OL套装

色彩说明 粉红色是一种明亮的颜色，粉红色会传递出柔和、梦幻的感觉。

设计理念 服装以粉嫩的颜色搭配经典的职业装款式，甜美又不失干练。

CMYK=0,9,4,2
CMYK=0,29,18,0
CMYK=0,33,27,3

❶ 大量的粉色系给人女性柔美的感受。
❷ 白色的点缀使画面更加明亮和清新。
❸ 简洁的款式使服装更添大气之感。

色彩延伸

5.4.3　OL通勤混搭装扮

色彩说明　洋红色常常代表娇嫩、青春、明快等。在服饰搭配中，洋红色和白色在一起，会更显可爱。

设计理念　富有层次感的纱裙使人感到青春、可爱，搭配洋红色的修身外套，体现出可爱不失大方的气质。

CMYK=0,3,5,5

CMYK=0,62,34,16

CMYK=0,32,32,78

❶ 白色和洋红色的搭配极具可爱气息。

❷ 层次的裙摆设计给人活泼、轻松的感觉。

❸ 颜色的搭配产生了一种清新靓丽的美感。

色彩延伸

5.4.4　职场轻熟女

色彩说明　这套职业装采用经典的黑白搭配，以白色作为主色调，搭配黑色条纹，清纯中多了几分干练，非常适合初入职场的年轻白领。

设计理念　职业装并不是沉闷、死板的代名词。它不仅需要端庄得体，还要时尚靓丽。这套服装中，拼接、镂空等元素的添加，轻松穿搭出职场丽人范。

CMYK=19,15,13,0

CMYK=100,100,100,100

❶ 黑色条纹的包臀裙，清新淡雅，又多了几分成熟干练。

❷ 条纹的手袋与银色的漆皮高跟鞋，与整体搭配协调。

❸ 上衣中精致的镂空花纹细腻精美，丰富了视觉层次。

色彩延伸

5.4.5 常见色彩搭配

僻静		清婉	
精秀		乐趣	
成熟		严肃	
稚嫩		明快	

5.4.6 配色实战——稳重色彩搭配

双色配色

三色配色

四色配色

5.4.7 优秀设计鉴赏

5.5 田园风格

服装设计重要的是风格的定位和设计。服装风格表现了设计师独特的创作思想和艺术追求，也反映了鲜明的时代特色。与都市风格的服装截然相反的就是田园风格服装，表现的是一种回归感，回归自然，回归故里，不夸张强调，顺其自然，通过对自然的感悟来赋予服装淡雅、淳朴的风格，给人一种水到渠成的舒畅感。

田园风格服装多使用棉布、蚕丝和植物纤维等自然属性面料，搭配能够体现自然的花草、树木、阳光、蓝天、大海等图案样式，让服装即使简单却能蕴含极其丰富的变化并突显个性。多彩的色彩搭配也让田园风格的服装在淳朴自然的同时透出青春靓丽的特点。让我们犹如在喧闹的都市中有一方自然的净土，体现清新、淡雅、淳朴、宽松、安逸的舒畅自由感。

5.5.1 复古淡雅的田园连衣裙

色彩说明 纷杂的田园色彩，突出朴素、淡雅的感觉，且带有一丝复古的味道。

设计理念 自然感觉的小碎花连衣裙低调中不失甜美感，搭配红色的单肩包更是呼应了这种甜甜的感觉。

CMYK=2,2,0,2
CMYK=15,5,0,17
CMYK=0,51,46,33

❶ 白色的上衣搭配给人清纯、素雅的感觉。
❷ 红色的小碎花在一片蓝绿色中更加跳跃。
❸ 搭配红色的单肩包起到相互呼应的作用。

色彩延伸

5.5.2 清凉温柔的田园度假装扮

色彩说明 蓝色给人清凉、安静的感觉，搭配粉色则起到衬托和对比的作用。

设计理念 这款蓝底粉花的裙子，简单的设计，给人无比清新甜美的感觉。搭配花朵的图案更添浪漫气息。

CMYK=0,52,27,1
CMYK=44,0,17,16
CMYK=79,74,0,53

❶ 大面积的粉色给人温柔、浪漫的感觉。
❷ 蓝色的背景则给人带来清凉的感受。
❸ 适当的薄荷色具有清新怡人的味道。

色彩延伸

5.5.3 淳朴素雅的田园套装

色彩说明 大面积的蓝色系体现出乡村、凉爽的效果。搭配大地色系的配饰传递出淳朴的气质。

设计理念 整体服饰以简朴的风格为主，体现出随性、素雅的感觉。搭配暖色的点缀能够使人联想到自然环境的感觉。

CMYK=35,25,0,22
CMYK=29,13,0,7
CMYK=0,27,43,8

❶ 整体传递出放松、随意、舒适的感觉。
❷ 蓝色给人清凉、幽静的感官效果。
❸ 宽松的搭配风格给人轻松愉快的感受。

色彩延伸

5.5.4 飘逸自然的田园长裙

色彩说明 白色的底色总是能够很好地衬托出附着表面的图案，同时使色彩不会过于复杂。

设计理念 大面积的花朵图案充分体现出了田园风格的效果，长款的设计使其具有飘逸、自然和活泼的感觉。

CMYK=0,2,15,9
CMYK=0,19,56,6
CMYK=0,49,36,49

❶ 白色的背景应用给人清晰、畅快的感觉。
❷ 花朵的图案既突出主题也丰富了整体色彩。
❸ 跳跃的色彩起到了丰富层次的作用。

色彩延伸

5.5.5 常见色彩搭配

爽快		娴熟	
灵跃		情调	
浮现		清雅	
娇俏		情结	

5.5.6 配色实战——自然色彩搭配

三色配色　　四色配色　　五色配色

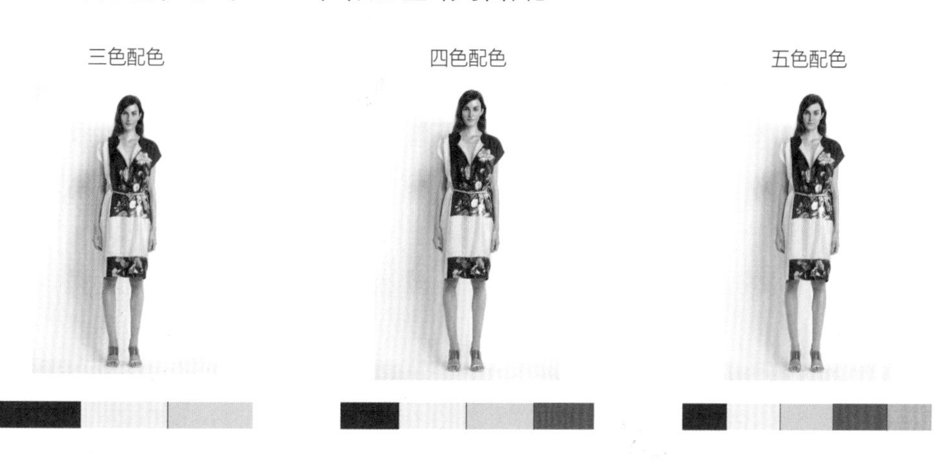

5.5.7 优秀设计鉴赏

5.6 中性格调

中性格调就是没有显著的性别特征、男女都适用的服饰。舍弃一些女性本身的柔美和男性本身的刚强，以简约的造型和多变的色彩来体现其干练、大方。

中性格调服装以中性理念来构思裁剪，要求大方、干练、简洁的裁剪方式，搭配简单的色系。颠覆传统观念中男性以力量为根本、女性以温柔为基础的设计理念，将两者的尖锐打破，摒弃个性，糅合共性。让原本简单的设计视觉拥有大量的冲击力，同时拥有妩媚、洒脱和优雅的特性，体现现代社会中性美的潮流感。

5.6.1 理性简约的中性条纹服饰

色彩说明 浅粉色与蓝紫色形成鲜明对比，在白色的调和下整体效果比较明朗，传递出理性、规律的感觉。

设计理念 远离烦琐的细节，大面积运用简单色彩，创造一种简洁的视觉感受。线条巧妙组合，在这种微妙的变化中，达到明亮、大方、时尚的效果。

CMYK=0,0,3,4
CMYK=0,23,31,0
CMYK=54,93,0,65

❶ 明亮的颜色给人轻松愉快的感受。
❷ 造型设计新颖，个性突出，给人良好的印象。
❸ 对称的几何设计产生了极强的秩序美感。

色彩延伸

5.6.2 理性干练的中性套装

色彩说明 条纹的美在于它的条理性，而且还具有重组性，能够产生图案变化效果，使其极具形式感。

设计理念 白色与带有紫色味道的灰色条纹结合是非常典型的中性色调搭配方式。配合类似男装的剪裁方式使整套服装表现出干练、理性之感。

CMYK=0,0,2,2
CMYK=13,13,0,27
CMYK=33,59,0,89

❶ 简单的颜色搭配给人单纯、简单的感觉。
❷ 条纹的方向变化体现出不拘一格的态度。
❸ 简洁大方的设计传递出超俗、时尚的感觉。

色彩延伸

5.6.3 古典舒适的中性针织衫

色彩说明 褐色和浅褐色的应用给人沉着、冷静的感觉，整体色彩搭配具有明显的古典感觉。

设计理念 褐色的针织衫以简单的造型，体现出古典、自由的率性设计。淡淡的肉色卷边短裤，仿佛像温暖而不刺眼的阳光，给人舒适的感官体验。

CMYK=0,28,31,75

CMYK=0,7,12,6

❶ 简单大方的设计使人感受到舒适、安逸。

❷ 褐色的应用给人低调、稳重的感觉。

❸ 针织的材质具有独特的纹理视觉感。

色彩延伸

5.6.4 经典怀旧的中性外套

色彩说明 大面积的米黄色和咖啡色等大地色系，给人经典怀旧的感觉。

设计理念 整体服饰以简朴的风格为主，体现出随意、自由的个性。大面积的暖色应用，一般会给人成熟、复古的印象。

CMYK=32,17,0,24

CMYK=0,6,25,9

CMYK=0,23,42,38

❶ 大地色的应用体现出沉稳、安定的气质。

❷ 整体搭配近看颜色丰富，远看色调统一。

❸ 帽子的搭配更加体现出古典风格。

色彩延伸

5.6.5 常见色彩搭配

儒雅		纯粹	
绅士		风度	
正直		稚气	
锤炼		成熟	

5.6.6 配色实战——浓郁色调搭配

双色配色

三色配色

四色配色

5.6.7 优秀设计鉴赏

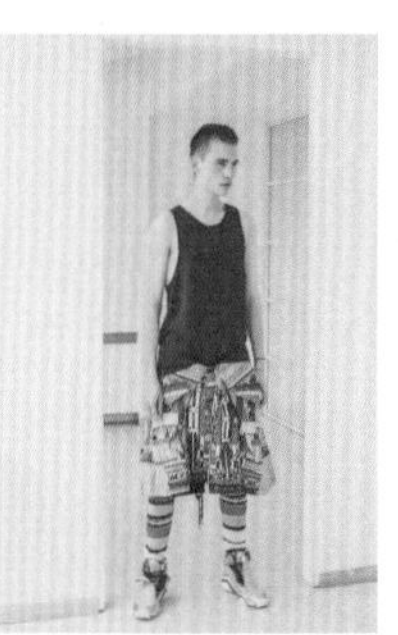

5.7 简约风格

简约风格就是造型设计和颜色搭配等简化到较少程度的服饰风格。其主要特征是将设计的元素、色彩、原料简化到最少的程度，基于采用的少则对质感的要求就相对提高，达到以简胜繁的效果。

以简洁的形式来满足人们对服装本身感性与理性的要求，简约风格的设计者在设计的过程中尽量不过度地添配颜色和图案，转而增加了对材料和色彩的考究和筛选，使其拥有高端、高贵、典雅和精致的特性，以简约不简单为时尚导向。

5.7.1 简约文艺风格

色彩说明 整套着装采用乳白色调，同属暖色调，高明度的颜色搭配在一起给人一种干净、温暖的感觉。

设计理念 整套着装没有过多的装饰、图案，而是通过服装的剪裁与机理体现服装的美感，整体给人的感觉是简约而又文艺。

CMYK=5,11,14,0
CMYK=3,4,5,0

❶虽然没有添加流行元素，但是这种简约的风格也让人过目难忘。
❷毛衣+窄脚裤+平底鞋，整体给人的感觉就是舒适。
❸针织毛衣的材质与颜色都能够给人一种温暖、亲切的感觉。

色彩延伸

5.7.2 清爽活力的简约套装

色彩说明 浅蓝色与白色的搭配给人清爽、自然的感觉，是夏季最常用的色彩搭配之一。

设计理念 一款休闲的蓝色外套，搭配简单的白色衬衫，很显生气与活力。搭配浅褐色的短裤，给人自然的清新感。

CMYK=4,2,0,1
CMYK=21,11,0,9
CMYK=0,15,36,25

❶蓝色与白色的相互映衬，更显魅力。
❷浅褐色的搭配给人自然的感觉。
❸颜色上的冷暖变化使整体不会过于单调。

色彩延伸

5.7.3 青春明亮的简约条纹上衣

色彩说明 玫瑰红色与橙色的搭配给人明亮、放松的感觉。深蓝色的应用衬托出彩色条纹的可爱、舒适、青春的风格特征。

设计理念 张扬而个性的彩色条纹设计使服饰条理中不失丰富色彩效果。

CMYK=0,59,21,0
CMYK=0,63,85,0
CMYK=57,35,0,69

❶上衣的无袖设计使手臂显得更加修长。
❷搭配深色短裙更显整体的对比效果。
❸彩色条纹的应用给人多彩缤纷的感觉。

色彩延伸

5.7.4 黑白经典的简约呢料大衣

色彩说明 在服装设计中黑与白永远是最经典的搭配，大面积的白色作为底色，同时配合黑色的条纹，给人干练、优雅的印象。

设计理念 黑白格子的大衣搭配黑色短裤，让黑白元素得到淋漓尽致的发挥。

CMYK=0,0,0,0
CMYK=86,81,75,61
CMYK=65,54,48,1

❶大面积的白色表现出坚定、纯洁的色彩特征。
❷黑色的条纹则增强了视觉稳定性。
❸下身短裤与挎包在颜色上相呼应，让整体造型独具分量感。

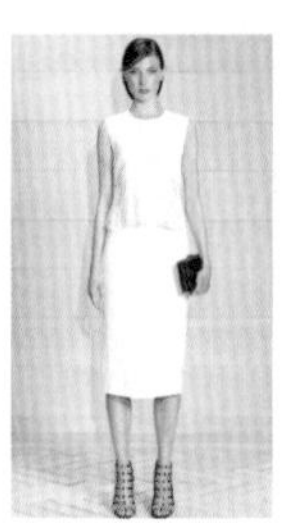

色彩延伸

5.7.5 常见色彩搭配

随性		老成	
和气		凝练	
古风		韵律	
淡然		舒缓	

5.7.6 配色实战——清爽色彩搭配

5.7.7 优秀设计鉴赏

5.8 民族风格

民族风格就是从民族服饰中借鉴服装理念和特殊图案等，汲取设计灵感，从而创造设计的服饰风格。民族风格极其讲究面料、色彩和图案配饰中传递出来的浓郁民族气息，款式上明显的民族表象是其独具的特征。常见的民族风格有东方、俄罗斯、美国西部和热带风格等。近期兴起的充满神秘气息的东方民族风格，以其繁花似锦的装饰图案、大胆应用的缤纷色彩以及质地轻柔飘逸的面料一展东方服饰独具的文化魅力。

5.8.1 奢华复古民族风

色彩说明 整体以灰调的青绿色为主，搭配棕色、孔雀蓝以及土黄色，给人古朴、庄重的年代感。

设计理念 服饰中的植物、动物、图腾、几何等形式在内的传统印记，极具象征和比喻内涵，同时传递出浓厚的历史感和民族文化。

CMYK=0,47,71,51
CMYK=11,0,15,30
CMYK=0,7,22,13

❶ 植物的设计也体现出了强大的生命力。
❷ 能够融合自然生态和审美文化于一体。
❸ 整体色系传递出民族文化积淀的感觉。

色彩延伸

5.8.2 自然典雅的民族风无袖连衣裙

色彩说明 天蓝色和嫩绿色的应用体现出柔和、文雅、典雅的感觉，同时给人一种自然的气息。

设计理念 这款改良富含民族元素的服装整体以蓝色的图案组成，款式上具有部分民族特征，并且具有时尚美感。

CMYK=77,7,0,23
CMYK=33,0,42,18
CMYK=68,44,0,42

❶ 冷色调的应用给人自然、清爽的感觉。
❷ 富有民族特征的花纹突出整体风格。
❸ 整体的配色具有历史和大自然的气息。

色彩延伸

5.8.3 色彩鲜明的民族风连衣裙

色彩说明 橙、绿搭配的丰富色彩和深色背景的搭配，使人联系到自然、高山、深远的画面，同时多种颜色的应用极具民族特色。

设计理念 强烈的民族风格装饰效果强烈，色彩丰富，图案之间达到视觉的平衡效果。

CMYK=0,31,83,10
CMYK=60,0,44,37
CMYK=29,42,0,73

❶大面积的自然色彩具有浓郁的民族特点。
❷图案是民族服饰表现最直接的一种形式。
❸整体折射出个性鲜明、风格独特的感觉。

色彩延伸

5.8.4 随性自由的民族风套装

色彩说明 相近色的相互应用能够使色调统一，同时偏深色系的色彩应用给人安静、理性的感觉。

设计理念 相近色的印花和冷暖的对比，传递出轻松、自由的感觉。小碎花的应用也避免了整体图案过于单调。

CMYK=0,71,72,44
CMYK=32,20,0,65
CMYK=82,2,0,47

❶冷暖色的对比增加了人们的视觉感受。
❷多种图案的应用丰富了整体的效果。
❸大面积图案和颜色的应用极具田园风格。

色彩延伸

5.8.5 常见色彩搭配

希望		昂扬	
蜕变		沉稳	
揉取		心绪	
朴直		浓郁	

5.8.6 配色实战——低明度色彩搭配

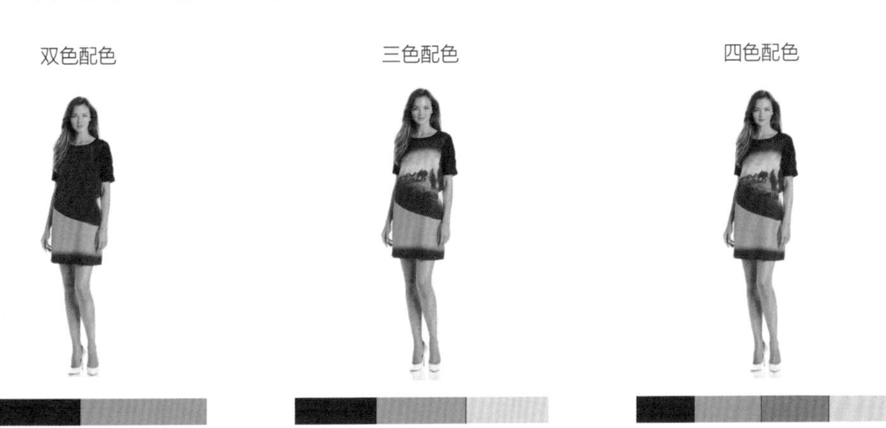

5.8.7 优秀设计鉴赏

5.9 维多利亚风格

维多利亚风格是指英国维多利亚女王在位期间的服饰风格。其特点是，大量使用蕾丝、细纱、荷叶边、绸带、蝴蝶结、多层次的蛋糕裙，以褶皱、抽褶等为元素，以立领、高腰、公主袖、羊腿袖等宫廷样式为款式。

伴着复古的异军突起，这种华丽而不失含蓄的柔美风格，带给人们耳目一新的感觉。

5.9.1　奢华妩媚的蕾丝边宫廷服饰

色彩说明　这是一款典型的维多利亚时代的女士服装，以米黄与粉色进行搭配，既展现了宫廷的奢华又体现了女性的妩媚。

设计理念　维多利亚时代，女人们喜欢在领口、袖口、裙摆处露出内衣的蕾丝花边，显得情调十足。蕾丝也是维多利亚时代的重要特色。

CMYK=0,16,38,14

CMYK=0,46,44,12

❶ 米黄色的使用体现了宫廷的奢华感。

❷ 粉红色的裙摆在米黄色的衬托下显得格外娇媚。

❸ 蕾丝、蝴蝶结、高腰、裙撑等元素的应用体现了维多利亚时代的艺术风貌。

色彩延伸

5.9.2　华丽动感的荷叶边上衣

色彩说明　金属色和白色的搭配起到明显的对比作用，同时也突出了其带有金属亮度的材质。

设计理念　宽松的造型体现了随性、自由的感觉。风格统一的花边造型富有层次感和变化感，整体传递出低调的华丽效果。

CMYK=0,0,1,8

CMYK=0,8,19,22

CMYK=0,14,30,51

❶ 金属色的应用极具华丽风格的特点。

❷ 淡雅的白色应用起到衬托作用。

❸ 适度地叠加花边具有现代装饰美感。

色彩延伸

5.9.3 高贵神圣的立领套装

色彩说明 以金黄色为主色，金黄色在黄色的基础上更加明亮和鲜艳，给人一种高贵、神圣的感觉。

设计理念 层次分明的设计，给人清晰、利落的印象。顺滑材质的应用，体现出华丽、富贵和辉煌的效果。

CMYK=0,1,0,3
CMYK=0,7,34,9
CMYK=0,13,44,18

❶ 金色本身具有鲜明的华丽特征。
❷ 带有抽褶的袖口设计增加了时尚感。
❸ 金色具有极醒目的作用和炫辉感。

色彩延伸

5.9.4 热情活泼的高腰短裙

色彩说明 玫瑰红色象征着典雅和明快，搭配明亮的同色系，能够产生热情而活泼的效果。

设计理念 带有层次感的短裙搭配上身闪片拼接的服装，使迷人的气质呼之欲出。线条明朗，轮廓分明，充分诠释出华丽之美。

CMYK=0,10,37,6
CMYK=0,59,27,16
CMYK=0,88,52,4

❶ 闪耀的紫色装饰搭配金色尽显华贵。
❷ 鲜艳亮丽的颜色十分醒目，个性十足。
❸ 独特的创新设计给人强大的视觉冲击。

色彩延伸

5.9.5 常见色彩搭配

出色		魅力	
跳动		节庆	
生气		平润	
晚宴		庆贺	

5.9.6 配色实战——华丽色彩搭配

单色配色

双色配色

三色配色

5.9.7 优秀设计鉴赏

5.10 波西米亚风格

波西米亚风格是指保留了游牧民族特色的服装风格，以鲜艳的手工装饰和粗犷厚重的面料为特点。层叠蕾丝、蜡染印花、皮质流苏、手工细绳结、刺绣和珠串，都是波西米亚风格无法复制的独家经典元素。波西米亚风展现的不仅是流苏、褶皱、大摆裙的流行服饰，而今更是成为自由洒脱的代名词，洋溢着一种前所未有的浪漫气息、民族风尚和自由之感。

5.10.1 自由洒脱的波西米亚长裙

色彩说明 带有忧郁气息的蓝色，在炎热的夏季给人清爽宜人的感觉。

设计理念 蓝色的薄纱材质给人清凉、冷静的感觉。长款的设计散发出阵阵优雅气息。

CMYK=20,5,0,14
CMYK=70,32,0,65
CMYK=44,29,0,73

❶ 柔顺的长裙展现出端庄、成熟的气质。
❷ 高腰的设计能够起到拉长身材曲线的作用。
❸ 蓝色的应用散发出一股淡淡的优雅淑女气质。

色彩延伸

5.10.2 热情奔放的波西米亚短裙

色彩说明 主色为洋红色和天青色，使其具有一定的对比效果。搭配其他纷繁的颜色，传递出丰富多彩的效果。

设计理念 多重颜色的图案拼接造型体现出多样、活跃、随意的风格，同时给人自由、洒脱的感觉。

CMYK=0,73,38,15
CMYK=76,49,0,30
CMYK=0,49,77,86

❶ 多种颜色的拼接增加了整体的视觉效果。
❷ 造型设计和搭配体现出浓郁的自然风格。
❸ 整体几何拼接的图案自然而不花哨。

色彩延伸

5.10.3　图案鲜明的波西米亚裙装

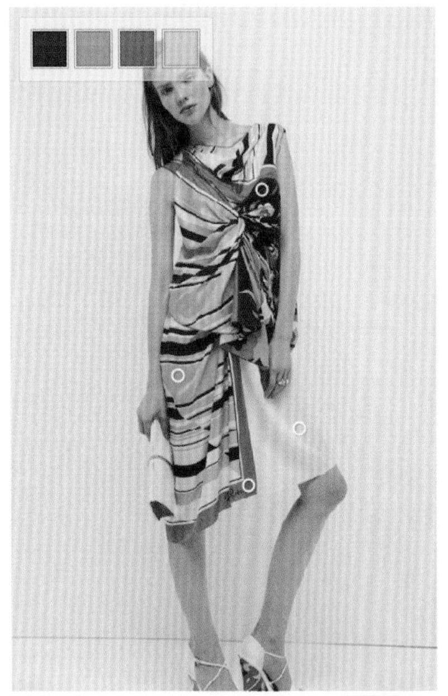

色彩说明　橙色和黄色的应用给人热情、愉快的心理感受。搭配深色的条纹和浅色的背景，体现出对比和色调变化。

设计理念　大胆、创新的设计风格，显示出时尚、独特、大方的感觉。明亮的图案融入浅色的背景，更显流行气息。

CMYK=0,51,74,70
CMYK=0,32,63,11
CMYK=0,62,93,10
CMYK=0,7,15,11

❶明亮的暖色应用使整体充满活力。
❷橙色与深色的搭配对比明显，给人明媚动人的感觉。
❸浅色的应用则显示出朴素、大方的气质。

色彩延伸

5.10.4　异域风情的波西米亚晚礼服

色彩说明　大面积的黄色和红色使其整体倾向于暖色，给人优美、温和的感觉。鲜艳的颜色具有浓郁的民族特点。

设计理念　服饰整体表现出极为深厚的异域风情，服饰整体繁复华丽却又不失典雅，给人以异域时尚简约中又不失复古的感觉。

CMYK=0,63,80,20
CMYK=0,28,58,6
CMYK=61,14,0,40

❶暖色与金属的配饰体现出高贵、典雅的气质。
❷有规律的纹路给人繁杂又不失条理的感觉。
❸人物图案更能突出其历史厚重和价值。

色彩延伸

5.10.5 常见色彩搭配

幻想		冷清	
美艳		秀美	
充实		文雅	
安雅		梦境	

5.10.6 配色实战——互补色彩搭配

单色配色

双色配色

三色配色

5.10.7 优秀设计鉴赏

5.11 洛丽塔

“洛丽塔”是指保留少女气息但却穿着和装扮成熟化的女孩。这个词传到日本时，随着时代的变化，逐渐意为“穿着少女装的女郎”，表现成熟女子对青涩时期的怀念和向往。洛丽塔风格服装常采用清新淡雅或靓丽纯粹的颜色，雪纺类轻柔飘逸的面料彰显小女生的娇嫩之感。素雅的图案、大方的剪裁都让洛丽塔风格体现出独有的清纯稚嫩感。

5.11.1 浪漫热情的洛丽塔套装

色彩说明 浅蓝色和米黄色的花纹，会令人感到浪漫、柔和；而红色会让人联想到梦幻般的感觉。

设计理念 洛丽塔风格服装以强调少女化风格的面貌出现。它代表一种强调自发的和形象的表现以及突显直觉和想象的观点。

CMYK=11,0,0,5
CMYK=0,10,40,1
CMYK=0,70,73,3

❶多种颜色的搭配给人缤纷的视觉感受。
❷朱红色的应用体现出热情和梦幻的感觉。
❸适当的黄色会使人感到温柔、和睦。

色彩延伸

5.11.2 柔美减龄的洛丽塔短裙

色彩说明 暗红色带有浪漫、热情的含义，使用暗红色与白色相互搭配，对比效果明显。

设计理念 使用重复的暗红色心形图案，给人温暖、柔美的感受，同时设计具有很强的时尚感和重复感，传递出清新、浪漫的感觉。

CMYK=0,9,11,5
CMYK=0,60,65,28
CMYK=15,17,0,68

❶大量的重复图案极具节奏感和重复感。
❷暗红色的应用给人营造良好的视觉美感。
❸深紫色帽子的点缀使整体更加突出。

色彩延伸

5.11.3 浪漫纯情的洛丽塔连衣裙

色彩说明 大量的红色给人热情、积极的感受，搭配淡色的背景则散发出魅惑、柔和的感觉。

设计理念 使用数量渐变的红色图案，使画面更加具有变化性和吸引性。搭配玫瑰红色，整体传递出明亮、梦幻的情调。

CMYK=0,5,13,5
CMYK=0,83,61,4
CMYK=0,97,80,22

❶渐变的图案给人重复感和设计感。
❷纯色的应用传递出优美、柔和、典雅的感受。
❸偏红的色系给人热情、温暖和亲切的感觉。

色彩延伸

5.11.4 清新明亮的洛丽塔套装

色彩说明 服饰整体以浅色系为主，这种较高明度的配色给人明亮、轻盈的感觉，同时也给人清新、自然的感觉。

设计理念 随机变化的浅色系混合搭配，使整体柔美、文雅又不乏自由的个性。

CMYK=0,5,4,9
CMYK=7,0,41,11
CMYK=9,0,1,19

❶清新淡雅的颜色使人心情安逸、舒畅。
❷绿色和蓝色的搭配使人联想到天空和草地。
❸高明度的色彩总是给人明亮、朝气的感觉。

色彩延伸

5.11.5 常见色彩搭配

清淡		温存	
亲善		甜美	
糖果		娇媚	
俏皮		真切	

5.11.6 配色实战——可爱色彩搭配

5.11.7 优秀设计鉴赏

5.12 嬉皮士风格

嬉皮士风格是指青年人与众不同的叛逆风格，其主要特点是较为奇异的发型和服装，彰显个性，与当前主潮流有截然不同的风格。

嬉皮士风格多用复杂的印花、精致的腰部缝合线以及粗糙的毛边和配饰等突出其个性，颜色多采用暖色的红、橘色或其对比色冷色的蓝、绿色。独特的款式表现出不束缚、自由随意的个性。

5.12.1 缤纷跳跃的嬉皮短裙

色彩说明 粉红色具有浪漫、温馨的感觉，与浅蓝色的搭配使粉红色更加突出，传递出俏皮、可爱的感觉。

设计理念 左右对称的设计体现出规律性和条理性。可爱的图案造型设计充分突出了快乐、轻松、活跃的效果。

CMYK=0,25,97,16
CMYK=0,45,15,0
CMYK=22,2,0,4

❶明亮的颜色给人轻松愉快的感受。
❷造型设计新颖，个性突出，给人良好的印象。
❸对称的几何设计产生了极强的秩序美感。

色彩延伸

5.12.2 古典庄重的嬉皮男士正装

色彩说明 土黄色和咖啡色的搭配使庄重、严谨的感觉中带有一点活跃。

设计理念 服装搭配使用大地色系来体现出历史感和悠久的文化感，变形和拼接的设计也极具形式美感。

CMYK=0,26,52,50
CMYK=0,22,29,80
CMYK=0,38,35,69

❶深紫色的应用给人庄重、幽静的感觉。
❷土黄色的搭配带有一丝明亮的生气。
❸不同的深色系都能够传递出古典的气质。

色彩延伸

5.12.3 冷色印花的嬉皮女装

色彩说明 整体色调为蓝色，体现出神秘、独特的感觉。同时搭配多种明亮的颜色，增加了服饰搭配的丰富程度。

设计理念 亮片的应用体现出材料的独特性和标新立异。具有硬度和特殊花纹的造型设计令整体具有极强的动感和跃动感。

CMYK=0,10,62,5
CMYK=83,0,19,28
CMYK=74,59,0,52

❶丰富的色彩搭配突出整体造型效果。
❷金属光泽的亮片应用极具魅力感。
❸整体服饰造型风格表现非常活跃。

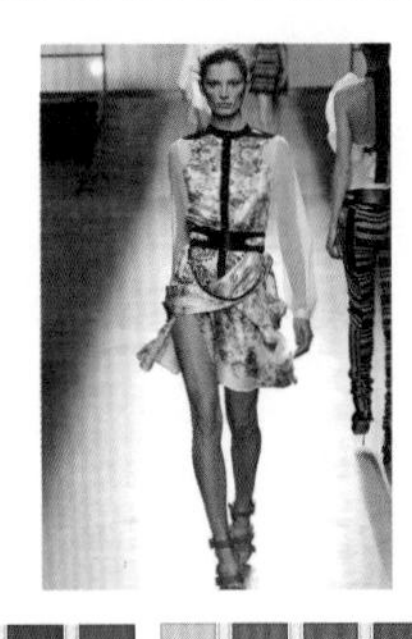

色彩延伸

5.12.4 造型夸张的嬉皮套装

色彩说明 明亮的橙色系，象征着热情、积极和独特。橘红色的搭配，是一种典型的暖色调搭配。

设计理念 整体服饰以多层次的造型为主，繁杂的搭配又不失规律。撑起的肩部设计传递出与众不同的搭配理念。

CMYK=0,31,40,4
CMYK=0,23,48,5
CMYK=0,100,77,52

❶多层次的搭配给人变化的视觉感受。
❷暖色系的应用传递出温暖、活泼的感觉。
❸深蓝色的装饰搭配起到相互衬托的作用。

色彩延伸

5.12.5 常见色彩搭配

文雅		艳俗	
尊享		曼妙	
洋溢		润泽	
温柔		灿烂	

5.12.6 配色实战——明亮的色彩搭配

单色配色

双色配色

三色配色

5.12.7 优秀设计鉴赏

5.13 哥特风潮

哥特风潮是指黑暗的、暗色系的服饰效果，搭配偏白的肤色，给人一种冰冷、神秘的感觉。其风格桀骜不驯、个性突出，因此夸张、奇特、复杂等设计是其艺术特征。哥特式的服装也是如此，其最大的特点就是多采用纵向造型线和褶皱，以达到突显修长的效果，再加上增加高度的高式帽，给人一种轻盈向上的感觉，不仅展现极具特色的装饰性，还给人一种不拘一格的洒脱不羁之感。

5.13.1 宗教气息的哥特男士正装

色彩说明 大面积的深灰色给人一种古典、单调、严谨的感觉，是体现年代感的常用表现色。

设计理念 整体设计层次分明，色调统一，给人稳重、智慧的感觉。添加的针织部分更具年代感和古典意味。

CMYK=11,8,0,18
CMYK=0,11,7,62
CMYK=0,2,5,77

❶ 单一的颜色搭配给人纯粹、大方的感受。
❷ 适当的层次和拼接体现出时尚感。
❸ 陈旧的用色常常给人古典、悠久的印象。

色彩延伸

5.13.2 冷艳高贵的哥特女装

色彩说明 大面积的黑色应用，能够使人联想到暮色深沉，常常带有消极、沉重的含义。

设计理念 简单明了的造型搭配部分做旧的金属色，带有沉稳、神秘的味道。

CMYK=0,18,55,51
CMYK=28,7,0,79
CMYK=100,25,0,98

❶ 单一的黑色给人低沉、神秘的感觉。
❷ 大面积的黑色清晰明了地传达出哥特风格的特征。

色彩延伸

5.13.3 典雅深沉的哥特混搭男装

色彩说明 主色调为紫色。搭配中使用不同明度的紫色给人典雅、品味和安稳的感觉。

设计理念 较深的颜色和简单的图案搭配修身的剪裁很容易体现出品位和内涵。

CMYK=11,17,0,38
CMYK=0,38,48,65
CMYK=20,28,0,79

❶深紫色的应用体现出深沉的风格效果。
❷下装图案的搭配为原本沉闷的色彩添加了一些亮点。

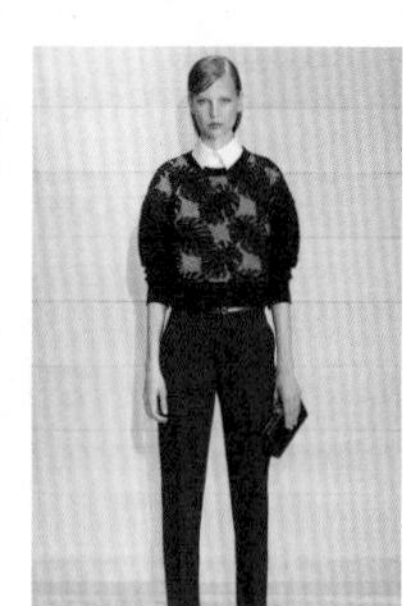

色彩延伸

5.13.4 经典红黑的哥特女款风衣

色彩说明 红与黑的搭配一直都是哥特风格的最好体现，整体深色的应用体现出神秘、深沉、庄重的气质。

设计理念 长款的设计体现出大气、沉稳的作风。高腰设计以及较大的裙摆很好地修饰了身形比例。

CMYK=37,48,80,0
CMYK=41,98,86,0
CMYK=86,81,73,60

❶深色和红色的搭配令对比十分明显。
❷总体色调一致，给人一种深沉的氛围。
❸大面积的深色充分地体现了其风格特点。

色彩延伸

5.13.5 常见色彩搭配

沉默		悠远	
志气		诚意	
可掬		平凡	
惬意		善意	

5.13.6 配色实战——低沉的色彩搭配

5.13.7 优秀设计鉴赏

Fashion Design

Color Matching

服装配饰与色彩

6.1 帽子

精美的服装搭配怎么能少了饰品这一项呢？无论什么时间、什么场合，搭配上合适的饰品总能够让你的魅力加分。帽子是日常生活中最常见的配饰之一，它具有防晒、保暖、装饰、保护等作用。帽子的种类繁多，按照不同的分类方法可以大致分为以下类型。

按用途分：雨帽、防寒帽、太阳帽、安全帽、睡帽、旅游帽、礼帽。

按样式分：男帽、女帽、童帽、水手帽、军帽、警帽、职业帽等。

按制作材料分：皮帽、毡帽、针织帽、草帽等。

按款式分：鸭舌帽、贝雷帽、青年帽、棉耳帽、八角帽、虎头帽等。

6.1.1 经典条纹的赫本风大檐帽

色彩说明 白色和黑色相间的条纹，给人强烈的对比效果，而且传递出冷静、条理的感觉。

设计理念 使用条纹的样式给人循环变化的感觉，具有视觉上的扩张感。经典的条纹图案适合搭配各类服饰。

CMYK=4,0,4,0

CMYK=48,45,0,84

CMYK=0,86,77,8

❶ 黑白两色的应用给人分明、清晰的感觉。

❷ 环形的条纹图案具有视觉张力。

❸ 整体服饰搭配颜色相互协调统一。

色彩延伸

6.1.2 精致惬意的爵士帽

色彩说明 褐色的应用给人沉稳、可靠的感觉，搭配清爽的蓝色，简朴自然又不失青春活力。

设计理念 简约的搭配，能够显示出生活的惬意，搭配一顶深颜色的帽子，让整体的造型瞬间升级，不至于过分随意。

CMYK=26,35,44,0

CMYK=63,68,66,18

❶ 帽子上的丝带装饰，使整体更加精致。

❷ 褐色的搭配常给人优雅、稳重的感觉。

❸ 褐色宽檐帽搭配打造出清爽自然的造型。

色彩延伸

6.1.3 简洁中性的鸭舌帽

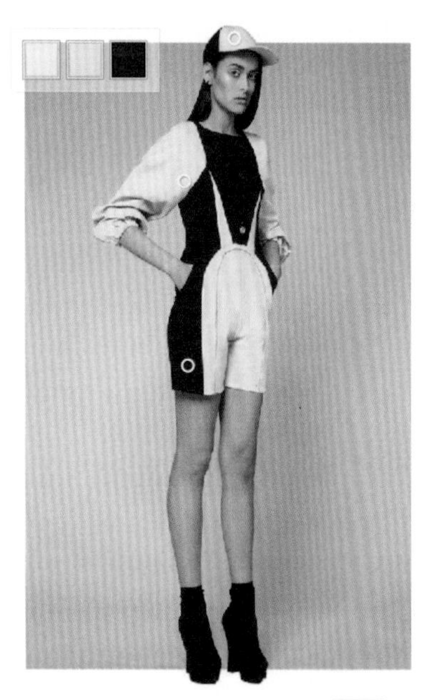

色彩说明 浅蓝色常给人整洁、明亮、朴素的印象。与黑色的搭配传递出大方的感觉。

设计理念 简洁大方的造型与没有装饰的帽子完美结合，散发出独特的气质。短裤的搭配，能够体现干练、整齐的感觉。

CMYK=5,1,0,4
CMYK=7,3,0,6
CMYK=0,6,3,87

❶ 大面积的浅蓝色给人轻松、舒畅的感觉。
❷ 黑色的应用添加了一份稳重的感觉。
❸ 拼接的设计体现出形式感和设计感。

色彩延伸

6.1.4 经典百搭的毡帽

色彩说明 嫩绿色总是给人健康、自然的感觉，与黄色结合，能够传递出愉悦、清新的心情。

设计理念 明亮的嫩绿色很适合干燥闷热的夏天，体现出自然、绿色的感觉。带有图案的丝巾装饰更是有一种度假的闲适感觉。

CMYK=0,2,57,6
CMYK=29,0,46,19
CMYK=22,36,0,35

❶ 嫩绿色与黄色的服饰搭配具有活跃、快乐的感觉。
❷ 大檐的帽子更显自由、随性的魅力。
❸ 自然的颜色传递出生命、向上的感觉。

色彩延伸

6.1.5 常见色彩搭配

热情		冷静	
素雅		欢愉	
爽快		天真	
魅力		随意	

6.1.6 优秀设计鉴赏

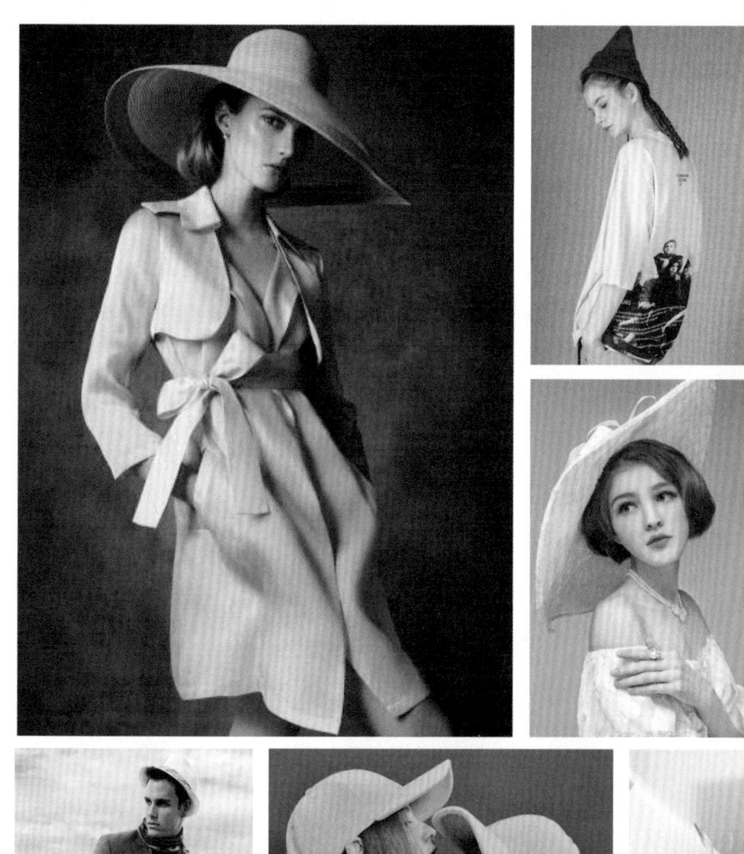

6.2 发饰

发饰，泛指应用于头发上的饰品和起到装饰作用的物品，包括发箍、发圈、发夹等。佩戴的发饰与服装、妆容等风格要相互搭配，才能够起到更好的修饰作用。发饰的种类较多，古代有各式各样和不同材料制作的簪饰，现代的则更多是发夹、发箍、发带等，而且颜色多变，样式新颖、别致，非常受年轻人的欢迎。

6.2.1 活跃强势的皮革铆钉发箍

色彩说明 万寿菊黄色常给人活跃、欢乐的印象，体现出积极、温暖的感觉。

设计理念 带有金属铆钉的皮质发箍设计给人强势、独特的感觉。简单的发箍添加铆钉装饰后，令人爱不释手。

CMYK=0,27,69,2

CMYK=0,79,76,11

CMYK=97,26,0,14

❶带有金属铆钉的发箍设计极具个性。

❷格子的服装和发箍形成了一种复古时尚。

❸发箍简约的设计突显帅气和前卫。

色彩延伸

6.2.2 仙气十足的发饰

色彩说明 作品通体为乳白色，颜色明度较高。精美的造型加上清新淡雅的颜色，使发饰幻化成精巧绝伦的点睛细节。

设计理念 饰品很难做到“雪中送炭”，但是肯定会“锦上添花”，作品造型为飞翔的鸟儿，恬静、淡雅，不落俗流。

CMYK=15,20,16,0

CMYK=4,3,3,0

❶模特整体造型古典、优雅，搭配仙气十足的发饰，让人有了宫廷夜宴的感觉。

❷精致的造型和做工让人感觉优雅又高级。

❸发饰与珠宝的搭配让整体的造型尽显高贵气质。

色彩延伸

6.2.3 高贵浪漫的面纱头饰

色彩说明 明亮的洋红色给人浪漫、魅惑的感觉。搭配绿色的点缀，仿佛给人自然般的清香感。

设计理念 清新自然的服饰搭配花朵和纱网的头饰，增加了视觉上的美感，给人若隐若现的朦胧美感。

CMYK=0,7,6,4
CMYK=0,78,54,13
CMYK=60,0,25,30

❶白色与碧绿色的搭配给人清新、自然的感觉。
❷洋红色的应用传递出优美、明媚的视觉效果。
❸纱网的设计更加突出发饰的搭配效果。

6.2.4 经典帅气的花纹发带

色彩说明 黑白搭配对比强烈，而且颜色平淡却又极具个性。颜色搭配经典又不失时尚。

设计理念 条纹的发带系在头发上作为头巾，十分新潮、帅气。变化的条纹图案更有时尚魅力，让造型更出彩。

CMYK=2,3,0,11
CMYK=7,6,0,21
CMYK=95,47,0,93

❶单一的图案不很花哨但是格外精致。
❷复古的造型又带有一些时尚的美感。
❸大面积的白色给人素雅、真诚的感觉。

6.2.5 常见色彩搭配

锦簇		生灵	
古典		清新	
脱俗		素雅	
动人		清丽	

6.2.6 优秀设计鉴赏

6.3 眼镜

眼镜原本是矫正视力和保护眼睛的常用光学器件，主要由镜架和镜片组成。而现代的眼镜不仅具有保护眼睛和矫正视力的功能，更重要的是眼镜早已是服饰搭配中重要的一份子，具有强大的搭配装饰功能。

6.3.1 睿智复古的方框眼镜

色彩说明 近年来眼镜框也成了潮流饰品中的必备单品。这一款眼镜的主色为褐色，给人低调、稳重的感觉。搭配绿色系的服装，传递出自然、大方的气息。

设计理念 古典稳重的方形框眼镜，低调简洁的设计，体现出稳重、专业的气质，而且低调不张扬，不失魅力。

CMYK=0,45,72,33
CMYK=7,0,1,15
CMYK=13,0,13,63

❶ 褐色和铬绿色的搭配给人森林般的感受。
❷ 经典的方形框给人干练、知性、睿智的形象。
❸ 镜框与衣服的花纹相得益彰，协调统一。

色彩延伸

6.3.2 张扬跳跃的橙色太阳镜

色彩说明 橙色是极其温暖的颜色，给人活泼、俏皮、奔放的印象。搭配多种颜色给人缤纷的视觉感受。

设计理念 橙色的眼镜十分醒目，与色彩鲜艳的服饰相搭配却十分融洽，突显出青春、张扬、活泼的个性。

CMYK=0,65,95,4
CMYK=72,0,28,15
CMYK=33,43,0,80

❶ 橙色常常给人温暖、活跃的感觉。
❷ 五彩缤纷的色彩混搭给人华丽的视觉效果。
❸ 部分冷色调颜色的应用适当降低了整体热度。

色彩延伸

6.3.3 复古摩登的黑色太阳镜

色彩说明 花纹边框的黑色太阳镜在浅色服装的映衬下十分显眼，并且与黑色腰带相互辉映。

设计理念 复古形态的太阳镜带给人经典的感觉。带有花纹的镜框设计，带来几分摩登感，与简单大方的服饰搭配更显时尚。

CMYK=0,75,50,95
CMYK=0,0,2,5
CMYK=21,12,0,12

❶ 浅色系的白色服饰使人感到清爽、朴素。
❷ 黑色的太阳镜与腰带相互呼应，搭配和谐。
❸ 怀旧复古风的造型传递出典雅、高贵的气质。

色彩延伸

6.3.4 造型独特的蝴蝶太阳镜

色彩说明 大量的黑色应用，给人规范、整齐、庄重的感觉，更显干练、大气风范。

设计理念 蝴蝶造型的眼镜设计，体现出生命、自由的设计理念。与服装的搭配风格一致，突显时尚气息。

CMYK=0,40,30,96
CMYK=48,0,20,52
CMYK=0,34,64,38

❶ 蝴蝶形状的眼镜造型设计独具个性。
❷ 搭配黑色皮质服饰，给人干练、明快的感觉。
❸ 深绿色和褐色的应用给人自然之感。

色彩延伸

6.3.5 常见色彩搭配

亲善		幻想	
温婉		历练	
奔放		稳重	
轩昂		自然	

6.3.6 优秀设计鉴赏

6.4 首饰

首饰主要是指佩戴于头部具有一定装饰作用的饰品，包括耳环、项链等，一般起到点缀和相互呼应的作用，同时也能够表明社会地位和财富等含义。在较早的时期多以各种金属材料、宝玉石材料等制作成首饰，具有较高的价值。随着时代的进步，各种新材料、新设计进入首饰界，首饰的材料和样式逐渐丰富起来。佩戴首饰要注重整体效果和环境因素，搭配要协调一致，点缀得体，这样才能起到佩戴首饰的最佳效果。

6.4.1 奢华浪漫的宝石耳饰

色彩说明 绿色是富有生命力的颜色，而且纯净的铂金颜色非常具有包容性，二者完美结合，形成低调优雅的色彩。

设计理念 饰品在搭配中主要是用来提升气质，是点睛之物。造型精美的饰品，彰显每位爱美女性的奢华优雅与时尚潮流感。

CMYK=76,35,100,1
CMYK=85,56,97,28

❶ 在这套饰品中，奢华的宝石复古文艺中流露出丝丝温柔。
❷ 硕大的宝石饰品，为极简风格的衣着增添了女人味。
❸ 精致、奢华的宝石饰品是现代女性展现自我时尚风格的点睛之笔。

色彩延伸

6.4.2 热情活力的橙色耳环

色彩说明 明亮的黄色常给人欢乐、温暖的感觉，搭配橙色和黑色则更加突出热情的感觉。

设计理念 黄色的服装十分醒目，给人轻快、充满希望和活力的感觉。搭配环形的首饰，体现出简单大气的风范。

CMYK=0,7,100,11
CMYK=0,68,85,6
CMYK=71,86,0,97

❶ 黄色系的搭配使人感到热情洋溢。
❷ 环形的首饰设计更显得利落时尚。
❸ 亮色耳环搭配黑色服饰，简单大气。

色彩延伸

6.4.3 民族奔放的红色耳坠

色彩说明 大量的红色给人热情、奔放的感觉，搭配蓝色产生颜色的碰撞又具有潮流感。

设计理念 民族风服装搭配同风格的耳环非常合适，这对由深蓝、鲜红和黄色为主汇成的耳环很有异域风情。

CMYK=8,90,62,0
CMYK=100,96,61,44
CMYK=7,0,69,0

❶ 红色和蓝色是常见的民族风格色彩。
❷ 耳环缤纷的色彩搭配与服装很相衬。
❸ 夸张的耳饰厚重感十足，异域风情也很浓。

色彩延伸

6.4.4 独立干练的双色环形耳环

色彩说明 白色和薰衣草色给人优雅、知性的感觉。搭配橙色的首饰则呈现出清新、亮丽的一面。

设计理念 双色环形的耳环设计，典雅又不失可爱。搭配简洁、利落的服装，体现出独立、干练的职业感。

CMYK=1,1,0,2
CMYK=27,24,0,32
CMYK=0,33,69,7

❶ 优美气质服装搭配彩色耳环更显时尚亮丽。
❷ 薰衣草色和白色相互搭配给人清新、淡雅的感觉。
❸ 橙色的应用起到点缀和对比的作用。

色彩延伸

6.4.5 常见色彩搭配

神采		贤淑	
轻拂		爱恋	
温柔		清甜	
妖媚		娇柔	

6.4.6 优秀设计鉴赏

6.5 丝巾

将一块布料经过加工和设计后，它便拥有了时尚潮流的元素，这就是丝巾。丝巾所用材质有丝绸，还有毛质材料、化学纤维等，不同的材质决定了丝巾的手感、质感和搭配效果。丝巾的款式丰富，适合各种不同年龄段和脸型的人群。选择一条符合本身气质的丝巾，能够大大提升整体服装搭配的效果。

6.5.1 神秘古典的对比色丝巾

色彩说明 青蓝色和橘色的搭配产生强烈的冲撞感，在白色的调和下使人眼前一亮并留下深刻印象。

设计理念 抽象的几何图案配上古典的服装和妆容，既和谐又冲撞，结合出奇妙的气场。服饰极具东方韵味。

CMYK=35,6,0,46

CMYK=0,67,80,4

CMYK=0,26,20,15

❶ 丝质的材料给人光滑、柔顺的感觉。

❷ 丝巾与服饰的搭配相辅相成，和谐统一。

❸ 青蓝色和橘色的冷暖对比增加了整体的色彩。

色彩延伸

6.5.2 色彩绚丽的绸缎丝巾

色彩说明 鲜红色常给人热情、开朗的感觉，搭配明亮的洋红色和铬黄色，传递出百花齐放的感觉。

设计理念 春意盎然图案的丝巾，结合清晰明亮的色彩与丝滑绸缎的质感，散发出独一无二的魅力。为跳跃的鲜红色皮质服装搭配增添一丝时尚优雅的元素。

CMYK=0,24,82,4

CMYK=0,96,42,13

CMYK=0,100,84,19

❶ 鲜红色的皮质服装体现出个性独立的女性魅力。

❷ 鲜艳的颜色给人积极向上的感受。

❸ 带有规律的花纹给人整齐、稳定的感觉。

色彩延伸

6.5.3 常见色彩搭配

炫耀		丰盛	
甜美		美好	
精巧		生机	
真挚		时尚	

6.5.4 优秀设计鉴赏

6.6 箱包

箱包是对能够装纳物体的各种袋子的统称，其中包括行李箱、手提包、单肩包、钱包和购物袋等。箱包的材质随着社会发展和时尚潮流的变化也逐渐变得更加多样化，有PU、帆布、麻布、涤纶、真皮等材质。同时各种风格的箱包也逐渐占领市场位置，例如复古、嘻哈、时尚、卡通等风格的箱包，能够彰显个性和时尚。箱包现在已经是常用的物品之一，仅仅是提高实用性已经不能满足人们的需求，箱包的装饰性效果也越来越强。

6.6.1 优雅气质的信封包

色彩说明 浅玫瑰红色在大面积的深色系中跳跃出来，体现出优雅又不浮夸的感觉。

设计理念 信封包是近年来比较流行的手包，这类手包形态简洁，通常使用单一的颜色搭配金属元素。这一款浅玫瑰红色的包简单甜美没有任何花哨，唯一的金属装饰十分显眼。

CMYK=0,38,32,4
CMYK=0,4,18,2
CMYK=31,50,0,84

❶ 讨喜的浅玫瑰红能够让人忘记很多烦恼。
❷ 矩形的浅玫瑰红包具有大方的百搭外形。
❸ 包上的金属装饰搭配使人眼前一亮。

色彩延伸

6.6.2 休闲稳重的单肩包

色彩说明 褐色单肩包搭配浅蓝色的上衣，展现了学院气质的同时又传达了浓浓的复古感。

设计理念 休闲款式的褐色单肩包，搭配款式简单的宽松款上衣很协调，灰调的阔腿裤则起到了稳定的作用。

CMYK=0,39,65,38
CMYK=15,8,0,20
CMYK=0,14,11,56

❶ 褐色的应用给人稳重感和休闲感。
❷ 浅蓝色与灰色的搭配体现出清新脱俗、贴近自然的风格。
❸ 格子图案的应用则传递出浓烈的复古风。

色彩延伸

6.6.3 复古文艺的枢机红单肩包

色彩说明 藏青色为主的服装搭配枢机红色的包，给人强势、坚实的印象。

设计理念 小巧的单肩包是非常必要的搭配单品，不管是搭配浮夸的摇滚风、柔美的文艺风，或是搭配复古风，都能够起到画龙点睛的作用。

CMYK=0,16,20,10
CMYK=0,76,82,42
CMYK=51,41,0,81

❶藏青色的应用给人严谨、规范、理性的感觉。
❷枢机红色的搭配起到提高整体气氛的作用。
❸简单的深色搭配体现出大气、庄重的气质。

色彩延伸

6.6.4 淡雅低调的OL风锁链包

色彩说明 大面积的白色搭配鼠尾草蓝色给人清爽、纯洁、文雅的印象。

设计理念 这款带有凸起花纹的鼠尾草蓝色包搭配白色的服装很有公主气质。淡雅的包包颜色，很适合在炎热的夏天使用，让你的整体造型看起来比较清爽。

CMYK=12,9,0,6
CMYK=48,41,0,37
CMYK=0,1,4,0

❶清新淡雅的色彩，带来沁凉夏日气息。
❷立体的廓型突显时髦气息，大方得体。
❸金属链与皮革纹理相得益彰，低调时尚。

色彩延伸

6.6.5 常见色彩搭配

妙丽		朴实	
精心		秀雅	
贵族		迸发	
盛开		规范	

6.6.6 优秀设计鉴赏

6.7 腰带

腰带主要是指人们用于束在腰间的带子，若是由皮革制成，也称皮带。现在腰带还成为一种时尚装饰，经常应用在各类服饰当中，起到非常重要的点缀搭配作用。随着金属元素、工艺手法和材质变化的应用，腰带已经越来越具有时尚效力。服饰的时尚装扮搭配合适的腰带做点缀，不仅能够起到束缚身形的作用，还能够在整体造型上起到画龙点睛的作用。

6.7.1 经典百搭的三色条纹腰带

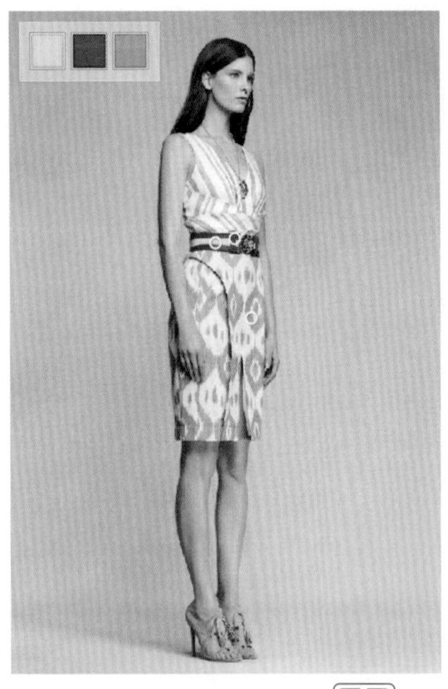

白色和灰色的服装给人素雅、清淡的印象。搭配红、绿、黄三色条纹腰带，增加了整套服装搭配的亮点。

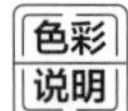

无论在什么季节，条纹都是永不过时的时尚元素。经典的条纹设计时尚又百搭，应用在腰带上的横条纹可以调和服饰纵向图像的单一效果。

CMYK=0,0,50,8
CMYK=18,0,52,65
CMYK=8,4,0,35

❶ 多色结合的条纹具有较强的现代装饰美感。
❷ 白色和灰色的服装图案给人文静、素雅的感觉。
❸ 横向的条纹与纵向的图案相互产生几何美感。

色彩延伸

6.7.2 简洁大气的金属质感腰带

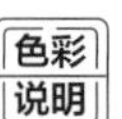

深蓝色会给人清爽、智慧、勇敢的感觉，搭金属色更衬托出蓝色的明艳。

深蓝色带有光泽的服装给人华丽的感觉，搭配金属色的宽腰带，呈现出摩登时尚感。

CMYK=35,16,0,2
CMYK=2,2,0,2
CMYK=56,67,0,96

❶ 带有金属光泽的腰带搭配更具华丽时尚感。
❷ 大面积的深蓝色给人理智、冷静的感觉。
❸ 搭配黑色的鞋子更显坚韧、独立的气质。

色彩延伸

6.7.3 缤纷明快的宝石腰带

色彩说明 洋红色和绿松石绿色的搭配非常醒目，这两种色彩都是现代风格设计中的常见色彩。

设计理念 长裙加上短上衣的搭配，因为有了腰带而增加了许多亮点，既能修饰腰身，又起到了装饰的作用，十分漂亮。

CMYK=54,1,0,24
CMYK=0,81,46,4
CMYK=20,0,86,26

❶绿松石绿色的大量应用给人清爽、洒脱的感觉。
❷洋红色的搭配尽显柔美、明快的个性。
❸腰带上的花朵起到点缀和颜色风格统一的作用。

色彩延伸

6.7.4 知性大气的薰衣草色宽腰带

色彩说明 薰衣草色和群青色搭配在一起产生冷色调的画面效果，在白色上衣的调和下给人冷静、优美、知性的感觉。

设计理念 单纯的白色上衣搭配纯色修身短裙未免过于普通，而薰衣草色腰带的出现则可以瞬间让平淡的形象亮起来。

CMYK=0,0,2,11
CMYK=6,8,0,29
CMYK=88,64,0,49

❶简约款的薰衣草色腰带显得非常稳重、大气。
❷冷色系的服饰给人都市的时尚感。
❸腰带的搭配更显服装的完美比例效果。

色彩延伸

6.7.5 常见色彩搭配

滋润		华美	
典雅		盛开	
坚决		时尚	
乐观		格调	

6.7.6 优秀设计鉴赏

6.8 鞋靴

在自然环境中生存的人类为了保护双脚，所以用各种自然存在的物质包裹双脚，形成了最早的鞋。随着时代的发展，鞋的制作工艺越来越高，制作鞋的材料也越来越丰富，包括皮质、塑料和帆布等。为鞋的表面添加饰品或图案等，能够起到很好的装饰作用，此时鞋靴不仅成为保护双脚的生活必需品，也成为时尚的装饰品。鞋靴在造型上变化多样，包括平底鞋、高跟鞋、长靴、短靴等，方便搭配各类型的服装，使服装与鞋靴的搭配起到和谐统一、相互呼应的作用。

6.8.1 明亮活跃的透明短靴

色彩说明 明亮的黄色给人活跃、欢乐的感觉，时尚又尽显青春活力。

设计理念 短靴的透明部分设计给人多样的搭配选择，同时黄色的主要构成部分十分明亮，能够瞬间提高整体色彩亮度。

CMYK=0,9,32,1

CMYK=0,16,67,9

CMYK=5,6,0,13

❶ 宽松的服装和短靴搭配具有悠闲的气息。

❷ 大色块的款式反映出青春的活泼与跳跃。

❸ 独特的透明设计增加了时尚感。

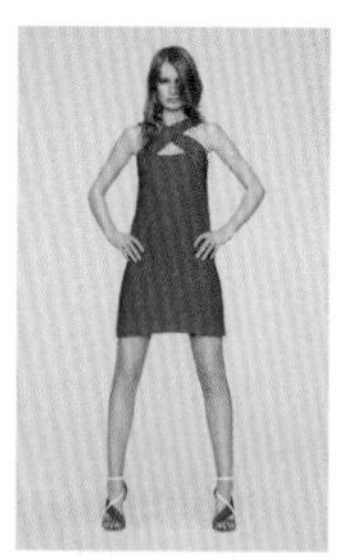

色彩延伸

6.8.2 沉稳百搭的宝蓝色女鞋

色彩说明 整套服装从上衣到下装再到鞋子都是采用蓝色为主色，具有冷静、睿智、沉稳的含义。

设计理念 孔雀蓝与深蓝搭配的拼接款女鞋，搭配简约款式的服装显得十分时尚，独具都市魅力。

CMYK=1,1,0,1

CMYK=41,33,0,69

CMYK=81,38,0,45

❶ 蓝色的应用传递出稳重、冷静的感觉。

❷ 整体搭配风格浓烈、洒脱独立，彰显温柔魅力。

❸ 拼接的设计与服装的搭配显得时尚感十足。

色彩延伸

6.8.3 经典百搭的高跟鞋

色彩说明 猩红色给人热情、奔放的感觉，用在女性饰品上可以增强女性的妩媚感。

设计理念 细高跟凉鞋本身就极富女性魅力，而绑带设计使脚踝显得更加纤细，红色的漆皮材质更是增添了魅力指数，这些特点集于一身呈现出了这样一款极其经典的女鞋款式。

CMYK=7,89,71,0
CMYK=96,100,63,43
CMYK=47,44,18,0

❶ 搭配红色的服装很协调，并与鞋子相互呼应。
❷ 艳丽的猩红色看起来十分抢眼。
❸ 犀利的细跟十分具有诱惑力。

色彩延伸

6.8.4 舒适实用的平底凉鞋

色彩说明 橄榄绿色让人联想到成熟的果实，给人一种饱满、成熟之感。它与黑色的皮质平底凉鞋搭配在一起和谐又有层次。

设计理念 模特身着的衣服剪裁宽松，款式非常中性化，搭配平底鞋就能轻松打造休闲风情。

CMYK=62,55,80,9
CMYK=68,70,90,43

❶ 橄榄绿属于中性色，是没有性别特征的颜色。
❷ 一双舒适的平底鞋，在生活中非常实用，只要款式选对，就会成为百搭利器。
❸ 皮质平底凉鞋款式简单，非常低调细致，带有一丝复古感。

色彩延伸

6.8.5 常见色彩搭配

活跃		利落	
明快		强劲	
暧昧		知性	
俏皮		富丽	

6.8.6 优秀设计鉴赏

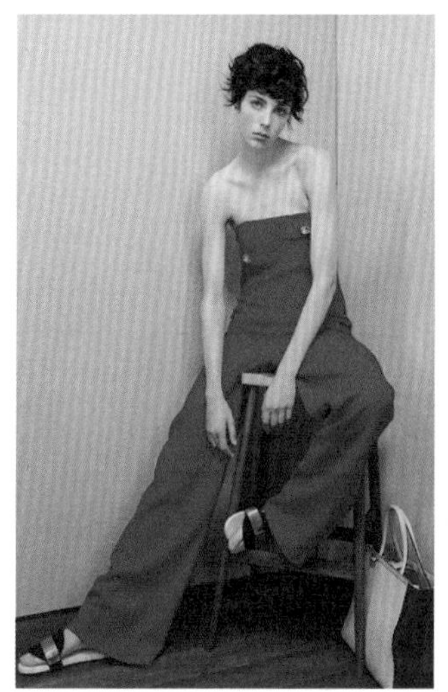

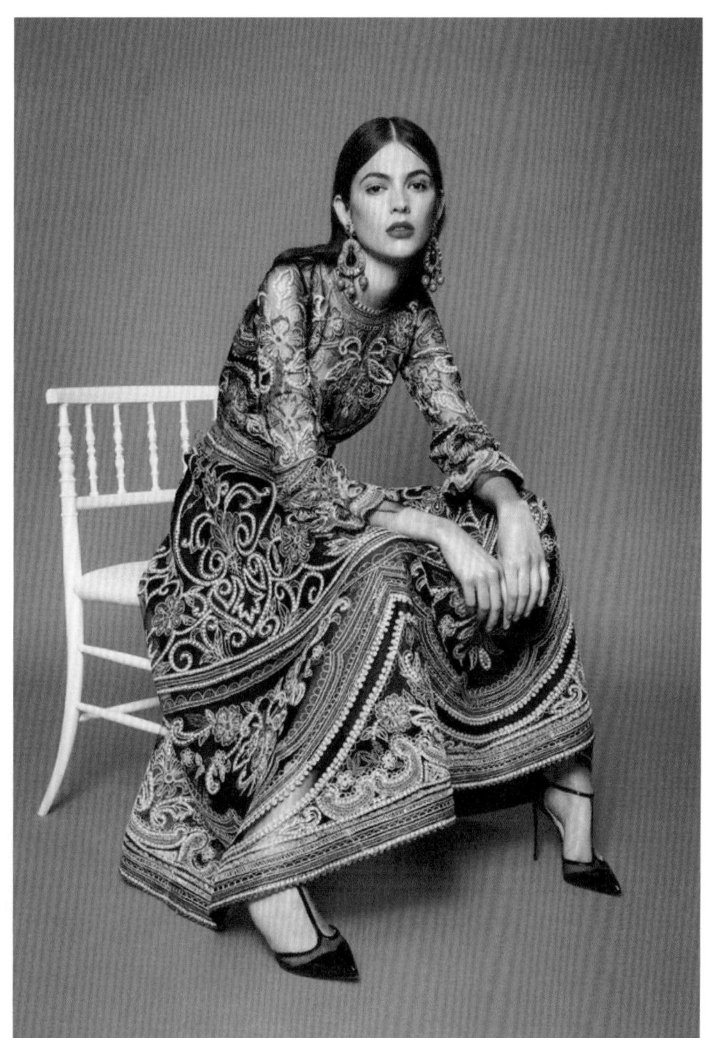

Fashion Design

Color Matching

7 服饰色彩的视觉印象

7.1 时尚

7.1.1 高贵冷艳的时尚女装

色彩说明 蓝、白色因为其清爽的色调，让人身心舒畅，同时也是冷艳的代表词。

设计理念 蓝色和白色的搭配能够带出女性的知性与时尚的气息。冷色调图案的渐变效果搭配轻柔质地的面料也体现出高贵、自由的感觉。

CMYK=0,0,0,4
CMYK=84,33,0,20
CMYK=59,38,0,62

❶ 偏冷的色调给人自然、清爽的感觉。
❷ 变化的图案具有较强的现代装饰美感。
❸ 上衣与裤子黑白的强烈反差搭配蓝色更具韵味。

色彩延伸

7.1.2 明朗阳光的时尚男装

色彩说明 嫩黄色为整体服饰的主色，能够给人带来欢快、明朗的感受。

设计理念 明亮的黄色系非常流行，搭配蓝色的服饰更添时尚魅力。充满阳光气息的装扮，能够给人一种健康、活力的感觉。

CMYK=0,20,59,4
CMYK=24,9,0,9
CMYK=34.33.0.65

❶ 大面积的嫩黄色显得格外阳光、健康。
❷ 蓝色丝巾的搭配突显时尚品位。
❸ 没有过多花哨的装饰给人整洁大方的感觉。

色彩延伸

7.1.3 配色妙招——巧用亮面材质

在服装材料上使用带有光泽的面料（如皮革、丝绸等），能够产生强烈的视觉效果，而且有利于提高服装整体的认知度，常给人时尚、潮流的感觉。

带有光泽的面料会根据周围的光线产生不同的视觉效果，具有极强的变化性。

7.1.4 配色实战——简约色彩

双色配色

三色配色

四色配色

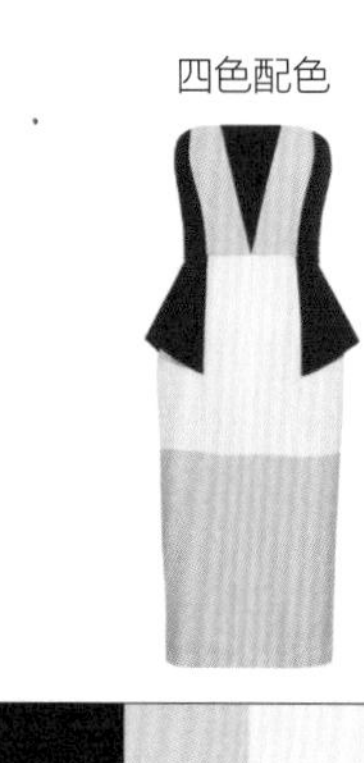

7.1.5 优秀设计鉴赏

7.2 悠闲

7.2.1 青春靓丽的春秋装扮

色彩说明 在服装设计中条纹是永不过时的元素，将其运用在上衣当中尽显穿着者的青春与靓丽。

设计理念 上衣七分袖的设计，既具有一定的保暖效果，同时又不会显得过于拖拉。

CMYK=4,3,0,0
CMYK=93,88,89,80
CMYK=12,7,22,0

❶黑白条纹给人分明、突出的视觉感受。
❷同色系的帆布包让整体搭配统一与和谐。
❸下身蕾丝裙子的点缀，尽显女性的优雅气质。

色彩延伸

7.2.2 轻松悠闲的出街装扮

色彩说明 蓝色的印花搭配清爽的白色给人低调、自然、轻松的感觉。

设计理念 带有层次效果的荷叶边裙摆的设计很有淑女味道。加上薄薄的白色外搭，给人清新、悠闲的感觉。

CMYK=1,1,0,10
CMYK=59,40,0,67
CMYK=57,52,0,83

❶若隐若现的白色外套给人清透、自然的感受。
❷蓝色的印花呈现清凉、优雅的气质。
❸清新的色调，给人带来清爽的悠闲时光。

色彩延伸

7.2.3 配色妙招——巧搭宽松款式的服装

宽松款式的服装搭配，常给人舒适、自由、悠闲的感觉。如果上衣选择宽松的款式，那么下装则可以选择适当修身或者偏短的款式。下装与上衣产生对比，既避免了宽松搭配会显得臃肿的缺点，也增强了服装的层次感。

宽松的服饰能够带来强大的气场，同时应用深色系能够显示稳重的气质。

7.2.4 配色实战——柔和色彩

双色配色

三色配色

四色配色

7.2.5 优秀设计鉴赏

7.3 柔美

7.3.1 柔美自然的无袖长裙

色彩说明 白色的底色给人纯洁美好的感觉，搭配温馨的粉色更显甜美。绿色的应用则带来清爽的感觉。

设计理念 丝质的裙子给人柔顺、自然的感觉。花朵和绿叶的搭配缤纷出彩，时尚动人。

CMYK=0,4,8,8
CMYK=0,34,33,3
CMYK=67,0,23,50

❶花朵和绿叶的搭配使大自然的气息扑面而来。
❷搭配条纹的几何图案给人视觉上的变化。
❸大面积的白色衬托出清雅、脱俗的气质。

色彩延伸

7.3.2 娇嫩柔美的夏季连衣裙

色彩说明 砖红色和淡橄榄绿搭配的花纹给人甜美、梦幻的感觉。以浅灰色作为底色更是衬托出花朵图案的柔美。

设计理念 大面积的印花充满了田野、自然的感觉。简单的搭配设计传递出放松、简朴、舒适的效果。

CMYK=242,241,241
CMYK=183,50,35
CMYK=148,143,88

❶鲜艳的印花图案仿佛带着田园的芬芳。
❷绿色的应用带有幽静、自然的意味。
❸砖红色和淡橄榄绿形成对比色彩的视觉美感。

色彩延伸

7.3.3 配色妙招——巧用印花效果

明亮的印花尽情演绎属于夏季的浪漫与唯美，混合的颜色极具时尚感。简约的造型设计和多重颜色的应用给人充满生机的感观效果。

印花的设计会使服装显得既精致又华丽，若搭配丝质面料，则华丽的气息扑面而来。

7.3.4 配色实战——明媚色彩

单色配色

双色配色

三色配色

7.3.5 优秀设计鉴赏

7.4 活力

7.4.1 活泼朝气的拼接长袖

色彩说明 蓝色具有理性、活泼、朝气的色彩特征，与白色搭配给人柔和、青春的视觉印象。

设计理念 服饰整体拼接袖的设计，打破了纯色的枯燥与乏味，尽显穿着者的青春与活力。

CMYK=23,24,15,0
CMYK=95,85,36,2
CMYK=36,22,14,0

❶同色系的帽子与整体搭配十分协调。
❷大面积的白色给人简约、纯净之感。
❸不同明度和纯度蓝色的运用，在变化中丰富了服饰的色彩感。

色彩延伸

7.4.2 活力满满的彩色套装搭配

色彩说明 明亮的粉红色比较花哨和鲜艳，与浅蓝色的搭配传递出梦幻、可爱的气息，突显整体造型的主题风格。

设计理念 整齐的图案排序，既有随机性也富有规律感。浅蓝色短裤和粉红色上衣的搭配给人俏皮、可爱的感觉。

CMYK=0,54,26,1
CMYK=78,4,0,8
CMYK=30,15,0,6

❶粉红色与浅蓝色的搭配极具女性气息。
❷圆点图案的应用给人可爱、活泼的感觉。
❸帽子的搭配使整体展现出运动感。

色彩延伸

7.4.3 配色妙招——巧用轻快色彩

夏季轻快出行的服饰莫过于短袖和短裤的经典搭配了，而且应用纯度较低的颜色，能够给人轻松、自由的感觉。

低纯度的色彩搭配能够传递出柔和、放松的感觉，给人清爽的视觉印象。

7.4.4 配色实战——欢快色彩

单色配色

双色配色

三色配色

7.4.5 优秀设计鉴赏

7.5 童趣

7.5.1 百变卡通图案减龄装

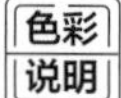

色彩说明 高明度色彩与暗色相搭配，相互之间对比十分强烈，传达出鲜明的个性。

设计理念 卡通图案的应用给人童真、幽默、快乐的感觉。条纹款的长筒袜搭配黑白双色板鞋，在童趣中又增添了活力。

CMYK=0,0,0,4

CMYK=21,12,0,6

CMYK=27,40,0,65

❶强烈的颜色对比突显活泼好动的个性。

❷卡通图案能够体现出天真、可爱的一面。

❸经典的条纹应用也起到了点缀的作用。

色彩延伸

7.5.2 青春俏丽的童趣感波点背带裤

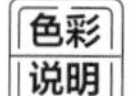

色彩说明 低明度底色搭配大面积的白色波点图案，相互衬托具有较强的现代装饰美感。

设计理念 款式简单的九分背带裤、白色打底衫，搭配粉色斜挎包，以及手中的波点雨伞，无一不显现出孩童般的甜美的气质。

CMYK=0,2,0,0

CMYK=0,28,17,2

CMYK=9,32,0,91

❶圆点的图案更加突显服饰的青春俏丽。

❷同一风格的粉色增加整体色彩感。

❸大量的相同图案富有节奏感和重复感。

色彩延伸

7.5.3 配色妙招——巧用图案

在颜色单一、款式简单的服饰上添加图案加以点缀，能够使平淡无奇的服装立即变得具有时尚气息，更具吸引力。

适当的图案和颜色应用，能够突出整体风格，符合当前气质，并使服装更具设计感。

7.5.4 配色实战——炫目色彩

7.5.5 优秀设计鉴赏

7.6 活泼

7.6.1 活泼动感的彩虹色短裙

色彩说明 红、黄、蓝、绿等纯色规律地应用在一件衣服上，这种纯色的搭配能够给人活跃、开朗、快乐的感觉。

设计理念 使用波浪的形式展现不同的颜色，突出了活泼、生动、年轻的感觉。

CMYK=0,13,76,6
CMYK=0,13,76,6
CMYK=0,94,78,10

❶ 多彩的颜色搭配给人绚丽的视觉感受。
❷ 红色的搭配传递出热情的气息。
❸ 波浪条纹的图案体现出变化性和规律性。

色彩延伸

7.6.2 多彩活泼的斑点套装

色彩说明 在纯白的底色上搭配以绿色和蓝色为主的图案，给人青春、自由、奋发的感觉。

设计理念 不规则的圆点形状图案的设计，为服饰添加了可爱、俏皮的感觉。简洁的设计和不同颜色的应用使整体更添活泼的效果。

CMYK=0,0,1,2
CMYK=100,0,37,25
CMYK=87,60,0,30

❶ 白色的背景能够很好地衬托出前景图案。
❷ 简洁的设计体现出活泼、自由的风格。
❸ 圆形图案的应用给人年轻、可爱的感觉。

色彩延伸

7.6.3 配色妙招——巧用鲜明色彩

鲜明的色彩纯度通常较高，能够在视觉效果上起到非常大的作用。服装采用色彩鲜明的颜色进行搭配，能够展现强烈的视觉效果。

7.6.4 配色实战——自然色彩

双色配色

三色配色

四色配色

7.6.5 优秀设计鉴赏

7.7 自然

7.7.1 明亮舒适的自然感套装

色彩说明 黄色和蓝色的搭配明亮而清澈，色彩绚丽却不炫目。这两种颜色的搭配也很容易使人联想到沙滩和海洋。

设计理念 植物的图案占据了主要的位置，传递出自然、放松、舒适的效果。利落的样式则给人理性、洒脱的感觉。

CMYK=0,8,18,18
CMYK=0,12,30,44
CMYK=0,81,67,55

❶ 大自然颜色的应用使人产生无限联想。
❷ 图案部分的设计让整体充满独特的魅力。
❸ 干净、利落的设计使其更具时尚感。

色彩延伸

7.7.2 水彩质地的自然感短裙

色彩说明 整个服饰是以紫色为主色，搭配白色并点缀黄绿色，是极佳的刺激颜色，体现出典雅、细腻、朴素的风格。

设计理念 铺满整个服饰的风景图案，使服饰具有强烈的自然风格。宽松的设计体现出洒脱、随意的效果。

CMYK=3,1,0,4
CMYK=0,19,32,27
CMYK=0,23,28,69

❶ 大面积的紫色给人温婉、古典的感觉。
❷ 整幅图案的设计达到了醒目的效果。
❸ 连贯的画面使服饰的整体感极强。

色彩延伸

7.7.3 配色妙招——巧用大面积图案

服装整体应用大面积的图案效果，能够使整体风格统一，且不单调。需要注意的是图案与背景之间需要有适当的对比，这样才能突出主体。

若想主角部分突出，需要将周围的色调进行适当约束，形成一定彩度、明度的对比。

7.7.4 配色实战——清爽色彩

双色配色

三色配色

四色配色

7.7.5 优秀设计鉴赏

7.8 古朴

7.8.1 古朴色调的工装风格男装

色彩说明 大地色系的色彩给人质朴、温和的感觉，同时带有浓厚的复古风。

设计理念 简单、随意的服装风格给人自然气质和返璞归真的感觉，能够让我们在繁杂的生活中感觉到一丝宁静。

CMYK=0,8,18,18
CMYK=0,12,30,44
CMYK=0,81,67,55

❶大地色系的应用给人回归自然的感觉。
❷简洁低调的剪裁演绎出休闲、放松的氛围。
❸带有暗红色装饰的帽子古朴又不失时尚感。

色彩延伸

7.8.2 内敛气质的古朴穿搭

色彩说明 褐色和灰土色是极佳的复古色，相互搭配散发出浓郁的古典气息。

设计理念 整体服饰以明度较低的深色系为主，使人感觉到一丝神秘、古老的气息。宽松的上衣搭配长裙表现出含蓄之中带有桀骜不驯的气质。

CMYK=3,1,0,4
CMYK=0,19,32,27
CMYK=0,23,28,69

❶深色系的应用体现出古典风格的味道。
❷古典色系的美丽具有阴暗无声的特性。
❸宽松的设计带有随意、自由的感觉。

色彩延伸

7.8.3 配色妙招——巧用复古色彩

深色系的应用能够给人一种年代的历史感。加上简单明了的设计，并将现代时尚元素与复古风格完美结合，相得益彰。

复古的风格不仅体现在服装的颜色上，还体现在服装的造型上，如搭配复古风格的装饰等。

7.8.4 配色实战——安静色

单色配色

双色配色

三色配色

7.8.5 优秀设计鉴赏

7.9 华贵

7.9.1 绚丽华贵的丝滑材质裙装

色彩说明 绿色和蓝色的搭配给人一种凉爽的感觉，搭配黑色图案则体现出绚丽的感觉。

设计理念 丝质光滑的材料本身就能给人华丽的视觉效果，而几何拼接的图案效果充满了时尚美感。长款的设计更是突出了华贵的气质。

CMYK=98,0,4,26
CMYK=0,65,20,92
CMYK=99,23,0,20

❶ 裙子的材质给人细腻光滑的感觉。
❷ 蓝色调的应用传递出高贵典雅的气质。
❸ 拼接的图案效果更加突出整体的时尚感。

色彩延伸

7.9.2 璀璨奢华的宫廷式晚礼服

色彩说明 群青色给人高贵和智慧的感觉，同时还带有低调的奢华气质。

设计理念 修身款的小拖尾晚礼服以其合适的剪裁凸显女性的曲线美，而使用闪耀的亮片组成的堆成花纹更加凸显优雅、华丽的气质。

CMYK=30,20,0,10
CMYK=57,43,0,44
CMYK=32,23,0,88

❶ 单一色彩的应用体现出孤傲的个性。
❷ 亮片装饰的点缀增加了服饰的特点。
❸ 群青色的应用给人高雅、端庄的印象。

色彩延伸

7.9.3 配色妙招——巧用褶皱

在服装设计造型中适当添加褶皱能够增加服装的层次感和空间感，同时也起到修饰身材的作用，是从平面到立体的一种造型手法。

褶皱在服装造型中具有特殊性和多样性，与服装风格相结合能够打造出唯美、多变的造型效果。

7.9.4 配色实战——端庄色彩

单色配色

双色配色

三色配色

7.9.5 优秀设计鉴赏

Fashion Design

Color Matching

服装配色实战

8.1 甜美少女装

8.1.1 项目概况

项目类型：甜美色彩的搭配。

配色分析：粉色系与青色系的搭配。

0,41,39,3	0,8,9,6	71,7,0,15	30,0,2,15	3,0,19,15

8.1.2 案例解析

❶可爱的粉色短裙，搭配花朵图案的浅色系无袖荷叶边上衣，在夏天展现出一丝清新感。同时搭配浅色的配饰，更能打造出甜美的气质。

❷因为是少女的服饰，所以配色上应该选择表现青春、愉快、轻松的配色方案。整套服装以及配饰均采用明度较高的色彩，以粉色调为主，体现女性气质，并搭配色相反差较大的青色配饰以平衡过多的粉色带来的柔弱感。这样的配色能够突出清爽、俏皮的感觉。

❸一顶漂亮的帽子绝对是整体搭配的亮点之一。在这里帽子采用青色的邻近色——绿色，对粉色部分进行颜色上的过渡。纯度略高的粉色与浅色系的碰撞，使甜美可爱的感觉格外突出，并且与水果的配饰颜色上相互呼应，给人柔和、自然的感受。

8.1.3 配色方案

(1)明度对比

—— 低明度 ——	—— 高明度 ——
少女的服装搭配应该给人青春、明亮的感觉，但是由于整体颜色的明度过低，给人一种成熟、老气的感觉。	高明度的颜色搭配能够给人清透、干净的感觉。但是整体都是高明度的颜色则缺乏对比，不能很好地突出主体效果。

(2)纯度对比

—— 低纯度 ——	—— 高纯度 ——
颜色纯度较低的服饰虽然会显得整洁，但也容易显得缺乏朝气，给人苍白之感，不能突出青春洋溢的少女感。	高纯度的应用会使服装整体颜色十分鲜艳，给人鲜明的印象。但是如果纯度过高，则会给人过度扩张的感觉，在视觉上容易引起疲劳。

(3)色相对比

—— 绿色调 ——	—— 橙色调 ——
绿色调的应用使整体服饰散发出自然、绿色、青春的味道。虽然绿色表现出朝气蓬勃的感觉，但是还缺乏一些突出甜美气质主题的色彩。	橙色调的应用使整体服饰倾向于暖色调，给人阳光、温暖的感觉。

(4)面积对比

—— 同类色的大面积使用 ——	—— 辅助色的大面积使用 ——
大面积的同类色应用，使整体服饰的色调统一，视觉上清晰明亮。但是变化不够明显，无法很好地诠释整体风格效果。	辅助色的大面积使用，虽然使整体服饰的颜色十分清爽宜人，但是缺乏一些对比效果，且偏冷的色调使整体风格发生了变化。

8.1.4　色彩延伸

—— 紫色系 ——	—— 红色系 ——
整体服饰采用紫色系的搭配，传递出优雅、轻松、愉悦的感觉，给人留下清幽、文雅的印象。	红色系的服装搭配，在视觉上就给人强烈的冲击力。且整体散发出活力、热情、积极向上的气息。

8.1.5　同风格鉴赏

8.1.6　少女装搭配赏析

蓝色与白色的搭配非常协调，给人清爽宜人的感觉。带有层次的颜色，体现出朝气蓬勃、富有变化的效果。

简洁的短袖设计搭配带有褶皱的短裙，传递出青春、活泼的感觉，褶皱的变化效果，更富层次感。

浅粉色的上衣给人甜美、浪漫的感觉，搭配浅蓝色的短裤，更添可爱、清纯之感。

宽松的泡泡袖给人可爱的感觉，带有层次的下摆最能衬出女性的浪漫与优雅气质，加上短裤则是经典的清爽搭配。

色彩说明 红白相间的条纹十分鲜艳，却不刺眼，能够瞬间抓住人们的目光，塑造出时尚又活泼的氛围。

小条纹的设计经典又百搭，无论搭配什么发饰或造型，总是显得年轻有活力。

8.2 休闲日常装

8.2.1 项目概况

项目类型：休闲色彩搭配。

配色分析：冷暖色调搭配。

76,29,0,35	48,14,0,13	0,39,51,0	0,19,26,4	0,27,41,26

8.2.2 案例解析

❶一件简单又百搭的牛仔裤与同为冷色调的小西装外套，内搭白色衬衫领打底衫，既休闲又时尚。同时搭配暖色调的配饰，更能体现轻松、愉悦的感觉，很适合在春秋季节穿着。

❷休闲服饰的配色应该选择轻松、舒适的配色方案。在本案例中使用了典型的冷暖对比，主体冷色搭配暖色配饰，相互对比，相互衬托，和谐又不单调，同时也突出休闲服饰自由、随意的感觉。

❸七分袖收腰小西装外套本身就是一件非常能够展现身段的单品，冷色调的蓝色更有收缩视线的功能，颜色和款式都非常百搭，而且十分显瘦。无论是搭配裙装还是裤子，都具有绝佳的视觉效果。帽子、项链和包包采用了统一的颜色，起到相互呼应的作用。

8.2.3 配色方案

（1）明度对比

—— 低明度 ——	—— 高明度 ——
休闲的服装搭配应该给人舒适、明朗的感觉。如果整体搭配的颜色明度较低，则容易产生一种沉重、黯淡的感觉。	高明度的服装搭配常给人明亮、清纯的视觉效果。但是当明度过高时，则显得过于苍白，缺乏鲜明的点缀和对比。

（2）纯度对比

—— 低纯度 ——	—— 高纯度 ——
服饰的整体颜色纯度过低，则会降低色彩的视觉效果，容易显得单调和沉闷。	服饰整体应用高纯度的颜色会给人留下深刻的印象。但是如果纯度太高，则可能会产生俗气、刺眼等不良感觉。

（3）色相对比

—— 紫色调 ——	—— 绿色调 ——
紫色调的应用使整体服饰给人淡雅、柔美的感觉，优雅迷人的气质扑面而来。	绿色调充满着自然的气息，无论是清新的浅绿还是沉稳的深绿，都给人一丝清凉、浪漫的感觉。

（4）面积对比

—— 同类色的大面积使用 ——	—— 辅助色的大面积使用 ——
同类色的大面积使用，使整体色调倾向效果明显，给人简洁大方的视觉效果。但是缺乏色相上的变化，有些过于单一。	辅助色的大面积使用，使整体服饰偏于暖色调，给人成熟、充满活力的感觉。

8.2.4 色彩延伸

—— 黄色系 ——	—— 红色系 ——
采用明亮的黄色为主色进行搭配，整体服饰给人欢快、阳光、明亮的感觉，使人眼前一亮。	采用极具张力的红色为主色，给人活泼、朝气、热情大方的感觉。

8.2.5 同风格鉴赏

8.2.6 日常装搭配赏析

以较宽的红色条纹展现出活力、热情的感觉，搭配蓝色的短裤和发饰，给人轻便、欢快的感受。

宽松的条纹设计呈现出舒适、自由的视觉效果，搭配利落的短裤和发带，体现出休闲、安逸的感觉。

黑白搭配是最经典的搭配之一，给人简约大方的印象。搭配苹果绿的装饰，则呈现出自然、舒适的视觉效果。

黑色的短裤简单、俏皮。搭配一件简约宽松的白色上衣，时尚大方，上面的黑色字母装饰，使整体显得不会过于单调。

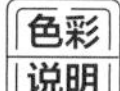

灰色与黑白都是中间色调，几乎可以和所有的颜色做搭配。在本例搭配中，灰色和白色的搭配为主色，显得简约时尚，低调内敛，是绝佳的秋季搭配色彩。

简单的竖条纹背心与极显身材的长裤搭配，既显瘦又显得简约自然。搭配舒适的装饰和利落的短发都给人轻松、愉悦的感觉。

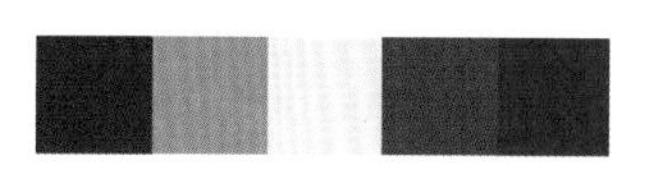

8.3　气质职业装

8.3.1　项目概况

项目类型：气质色彩搭配。

配色分析：对比色搭配。

13,59,0,75	2,60,0,31	0,16,75,13	0,7,34,4	0,0,1,4

8.3.2　案例解析

❶贴身的裁剪和简洁的设计使这套职业装连衣裙显得非常大气，肩膀处金色的钻石点缀极大程度地提升了连衣裙的设计感，体现出优雅又不失干练的气质。

❷职业装的搭配应选择突显气质和专业的配色。在本作品中以紫色和金黄色这一组典型的对比色为主色调，在大面积白色的衬托下既突出又和谐，并且紫色和金色的搭配也能够体现出优雅、大方。

❸白色的套装搭配紫色的高跟鞋和手拎包，颜色简洁、和谐。点缀金色的装饰更有一种直率、干练的效果，简单大气中带着现代时尚感。

8.3.3 配色方案

（1）明度对比

—— 低明度 ——	—— 高明度 ——
深色是职业装中经常使用的颜色，但是对于春夏季节的职业装，明亮、干练的颜色更容易突显个人气质，如果整体搭配的颜色明度过低，会给人一种压抑、老成的感觉。	高明度的服装搭配比较适合职业装，能够给人整洁、利落的感觉。但是如果明度太高，则会显得过于轻浮。

（2）纯度对比

—— 低纯度 ——	—— 高纯度 ——
服饰的整体颜色纯度过低，会产生低沉、黯淡的视觉效果，从而给人没有活力的印象。	高纯度的色彩搭配能够令人印象深刻，但是纯度过高，则可能给人带来焦躁、烦闷的感觉。

（3）色相对比

—— 绿色调 ——	—— 红色调 ——
绿色调的应用使整体服饰给人清新、健康的感觉，大片的绿色让人身心都感到非常舒畅。	整体服饰应用了强烈的红色调，给人鲜明的视觉效果。而且大面积的红色给人热情、兴奋、积极的感觉。

（4）面积对比

—— 同类色的大面积使用 ——	—— 辅助色的大面积使用 ——
同类色的大面积应用表现出色调统一的视觉效果，紫色是非常突显优雅气质的色彩，能够给人留下高贵、典雅的印象。	辅助色的大面积使用，令整体服饰呈现温暖的色调，给人热情、欢快的感觉。但是缺乏职业感觉的色彩搭配，整体色彩过于活泼。

8.3.4 色彩延伸

—— 粉色系 ——	—— 蓝色系 ——
整体服饰采用鲜艳的粉色为主色，能够散发出强烈的女性迷人魅力，给人温柔、典雅的感觉。	采用偏冷的蓝色为主色进行搭配，整体服饰给人冷静、干练、智慧的感觉，是极具职业性的色彩。

8.3.5 同风格鉴赏

8.3.6 职业装搭配赏析

整套服装以高明度的蓝灰色为主，象征着高雅、魅力和神秘，能够给人舒适的亲和力。

单色的套装显得整洁大方，细致的层次下摆和合理的裁剪都显现出高雅、端庄的理念。

干净整洁的白色衬衫搭配嫩粉色，显得十分淡雅、积极，能够给人柔和的视觉效果。

清爽的白色衬衫搭配同样平整的长裤，将衬衫下摆扎入裤内，显得十分干练帅气。搭配黑色的高跟鞋和配饰，更显职业感。

色彩
说明

应用明度较高的白色给人干净、简约的印象，搭配紫色的无袖上衣，则更具女性魅力和优雅气质。

无袖的上衣显得时尚大气。搭配白色的连身包臀裙，则打造出清爽、自然的气质。

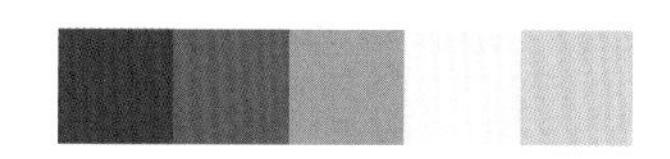

8.4 奢华晚宴装

8.4.1 项目概况

项目类型：奢华色彩搭配。
配色分析：同色系的色彩搭配。

13,59,0,75	2,60,0,31	0,16,75,13	0,7,34,4	0,0,1,4

8.4.2 案例解析

❶这款简单又大方的浅色晚宴装十分衬托气质，简约中带有层次的设计十分亮眼。质地顺滑的面料非常容易衬托出配饰的华丽感，搭配同色系的配饰，更显富贵奢华。
❷晚宴装多以简单的配色为主，本案例中选择的就是一种非常简单易学的搭配方法。层次感裸色吊带连衣裙是个非常适合作为主色的单品。在裸色的基础上搭配耀目的金色是一种极易体现高贵、典雅、奢华的配色方案。
❸带有明亮光泽的配饰十分抢眼，但由于多种配饰的色调统一，风格接近，所以不会过于出挑。

8.4.3 配色方案

（1）明度对比

—— 低明度 ——	—— 高明度 ——
奢华的晚宴装应该给人惊艳、突出的视觉效果，如果整体搭配的颜色明度过低，则会给人愁闷、黯然的感觉。	高明度的服装搭配较为适合晚宴装的应用，常给人明亮、华贵的视觉效果。但是若明度过高，则会显得过于明亮和刺眼。

（2）纯度对比

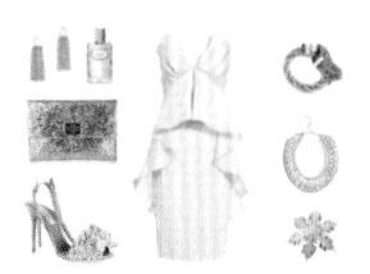

—— 低纯度 ——	—— 高纯度 ——
整体服饰的颜色纯度过低，会降低金属光泽的华丽感，丧失了奢华的视觉效果，而且给人低调、内敛的感觉。	高纯度的颜色应用会使整体服饰十分突出、亮眼。但是如果纯度过高，有时会给人拜金、俗艳的感觉。

（3）色相对比

—— 蓝色调 ——	—— 红色调 ——
蓝色调的应用使整体服饰传递出清爽、冷静、淡雅的感觉，给人凉爽的视觉感受。同时也无法完全体现出华美的风格效果。	整体服饰应用了红色调，给人强烈的视觉冲击力，是十分鲜艳的色彩，常给人热情、主动的感觉。

（4）面积对比

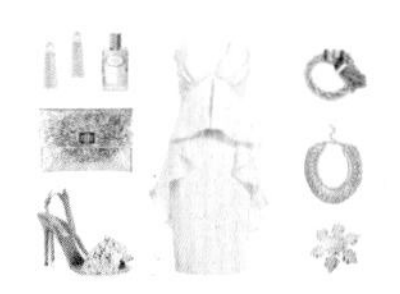

—— 橙色的大面积使用 ——	—— 白色的大面积使用 ——
大面积的暖色应用，使整体偏向温暖的感觉，给人十分柔和的亲近感。如果添加一些冷色调的搭配与对比，则会显得更加突出。	白色的大面积使用给人整洁、明亮的印象。淡淡的颜色十分素雅，体现出优美、大方的气质。

8.4.4 色彩延伸

—— 粉色系 ——	—— 紫色系 ——
粉色与金色搭配使用，使优雅中带着可爱，既给人甜美、温柔的感觉，又体现淑女名媛的气质。	采用十分时尚和优雅的紫色搭配闪耀的金色，典型的对比色搭配方案使整体显得十分俏丽，闪亮的配饰更衬托出典雅、高贵的气质。

8.4.5 同风格鉴赏

8.4.6 晚宴装搭配赏析

整体服饰主要以淡紫色为主色，给人庄重、华丽的感觉，而且带有一丝幽静和神秘，魅力十足。

长款修身的礼服完美地突显身材曲线的美感。搭配闪耀的装饰和小巧的手包，体现出高雅迷人的气质。

整体以嫩粉色为主，体现出柔美、靓丽的感觉，搭配金属色泽的配饰，更显典雅、大方。

抹胸和带有褶皱层次感的设计能够掩饰一些身材上的不足，而且也体现出优美的气质。搭配蝴蝶结的装饰，更显甜美。

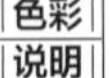

整体服饰以时下最流行的裸色为主，体现出素雅、幽静的感觉，令人感到舒适和自然。

长款修身的礼服体现出文雅的气质，大量的闪耀装饰显得十分夺目。若隐若现的豹纹图案使整体服饰在素雅中带有一丝性感。